AF643390

DEUTSCHE AKADEMIE DER WISSENSCHAFTEN ZU BERLIN

Veröffentlichung des Physikalisch-Technischen Instituts

Nr. 1

TABELLEN

ZUR

ABELSCHEN INTEGRALGLEICHUNG

Mit 3 Abbildungen

AKADEMIE-VERLAG · BERLIN

1960

Verantwortliche Redaktion:
Dipl.-Ing. FERDINAND KÜMMEL — Bereich Strahlungsquellen

Erschienen im Akademie-Verlag GmbH, Berlin W 1, Leipziger Straße 3-4
Lizenz-Nr. 202 · 100/697/60
Copyright 1960 by Akademie-Verlag GmbH · Alle Rechte vorbehalten
Gesamtherstellung: VEB Druckerei „Thomas Müntzer" Bad Langensalza
Bestellnummer: 2099/1
Printed in Germany
ES-Nr. 18 B 1

ERLÄUTERUNGEN ZU DEN TABELLEN FÜR DIE LÖSUNG DER ABELSCHEN INTEGRALGLEICHUNG

herausgegeben vom

Physikalisch-Technischen Institut, Bereich Strahlungsquellen, Berlin O 17

Einteilung

A. Kurze Zusammenfassung und Literaturhinweise

Die zahlreich anfallenden Messungen der von Lichtbögen ausgestrahlten Intensitäten erfordern zu ihrer Auswertung eine zweckmäßig aufgebaute Rechenmethode. Unter mehreren in der Literatur vorhandenen Lösungsverfahren ([1] bis [5]) scheint das von H. Schardin [4] und I. Sperling [5] verwendete deshalb besonders geeignet zu sein, weil die Lösungsfunktion tabelliert werden kann. Diesen Vorzug hat auch die von H. Maecker [6] angegebene und von I- Friedrich [7] verbesserte Auswertungsmethode. Jedoch gilt die damit aufgestellte Tabelle nur für eine feste Zahl von Meßpunkten mit vorgegebenem Abstand, während das im Anhang gegebene Tabellenwerk für beliebig viele Meßpunkte mit beliebigen Abständen verwendet werden kann. Seine Anwendung wird im folgenden beschrieben und an einem Beispiel erklärt. Anhand des Ergebnisses wird die erreichbare Genauigkeit abgeschätzt.

B. Aufstellung der Gleichung und Vorschlag zur Auswertung

1. Eingrenzung des Aufgabenbereiches

Die vorliegende Beschreibung befaßt sich nur mit der Überführung der von einer zylindrischen Gassäule ausgestrahlten und außerhalb der Säule gemessenen

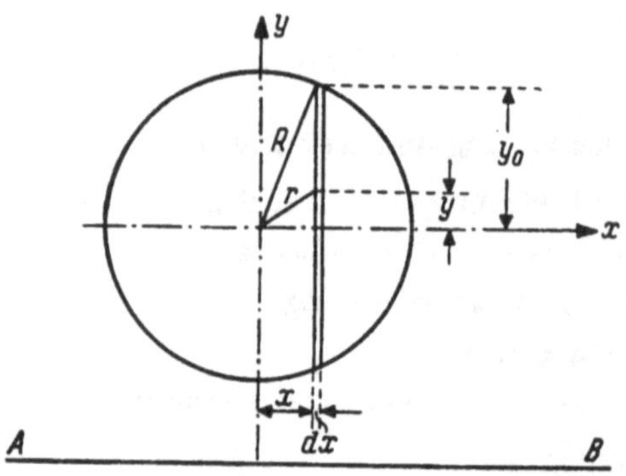

Abb. 1. Schnitt durch die Gassäule, deren ausgestrahlte Intensität auf der Linie A—B gemessen wird.

Intensitäten in eine Form, welche den Verlauf im Innern der Säule wiedergibt. Die sich daran anschließenden Bestimmungen von Temperaturen und Elektronendichten fallen nicht unter die hier gestellte Aufgabe. Beschreibungen dieser Methoden finden sich in den Literaturstellen [1] bis [4].

2. Die zu lösende Integralgleichung

In Übereinstimmung mit Abb. 1 soll bedeuten:

R den Außenradius der zu vermessenden Gassäule,

r den Radius an der Stelle (x, y),

$J_{(x)}$ die an der Stelle x gemessene, vom Streifen $2\,y_0 \cdot dx$ ausgesandte Intensität,

$i_{(r)}$ die auf dem Kreisring $2\,r \cdot dr$ konstant angenommene Intensität pro Volumeneinheit,

A—B die Linie, auf welcher das Meßgerät von $x = -R$ bis $x = +R$ punktweise fortschreitet.

Zwischen $J_{(x)}$ und $i_{(r)}$ besteht folgender Zusammenhang:

$$J_{(x)} = \int\limits_{-y_0}^{+y_0} i_{(r)} \cdot dy = 2 \cdot \int\limits_{0}^{\sqrt{R^2 - x^2}} i_{(r)} \cdot dy\,. \tag{1}$$

Durch Einführung von r statt y wird daraus:

$$J_{(x)} = 2 \cdot \int\limits_{r}^{R} \frac{i_{(r)} \cdot r \cdot dr}{\sqrt{r^2 - x^2}}\,. \tag{2}$$

Durch geeignete Umformung dieser Abelschen Integralgleichung, deren Einzelheiten in [1] und [3] zu finden sind, erhält man als Auflösung nach $i_{(r)}$:

$$i_{(r)} = -\frac{1}{\pi} \int\limits_{r}^{R} \frac{d\,J_{(x)}}{dx} \cdot \frac{dx}{\sqrt{x^2 - r^2}}\,. \tag{3}$$

Da eine geschlossene Lösung des Integrals (3) nicht möglich ist, muß der Weg der abschnittweisen Integration beschritten werden. Auf diesem Prinzip beruhen alle in [1] bis [7] verwendeten Methoden. Unter ihnen bietet die Methode [4] und [5] den Vorteil der Verkleinerung des Rechenaufwandes durch Tabellierung.

3. Die Auswertungsmethode

Das Integral der Gleichung (3) wird zerlegt in eine Summe von n Teilintegralen, deren jedes für einen derart begrenzten Kreisring gilt, daß auf ihm dJ/dx als konstant angesehen werden kann. Aus Gleichung (3) wird dann:

$$\begin{aligned} i_{(r)} = -\frac{1}{\pi} \Bigg[\left(\frac{dJ}{dx}\right)_{r}^{x_1} \cdot \int\limits_{r}^{x_1} \frac{dx}{\sqrt{x^2 - r^2}} + \left(\frac{dJ}{dx}\right)_{x_1}^{x_2} \cdot \int\limits_{x_1}^{x_2} \frac{dx}{\sqrt{x^2 - r^2}} + \cdots \\ + \left(\frac{dJ}{dx}\right)_{x_{n-1}}^{R} \cdot \int\limits_{x_{n-1}}^{R} \frac{dx}{\sqrt{x^2 - r^2}} \Bigg] + \frac{1}{\pi} \cdot \frac{J_{(R)}}{\sqrt{R^2 - r^2}}\,. \end{aligned} \tag{4}$$

Das letzte Glied fällt weg, wenn J an der Stelle $x = R$ Null wird.

Durch Substitution $x/r = \xi$ und $dx = r \cdot d\xi$ erhält man für jedes der in (4) erscheinenden Teilintegrale:

$$\int\limits_{x_{k-1}}^{x_k} \frac{dx}{\sqrt{x^2 - r^2}} = \ln\left(\xi_k + \sqrt{\xi_k^2 - 1}\right) - \ln\left(\xi_{k-1} + \sqrt{\xi_{k-1}^2 - 1}\right). \tag{5}$$

Tabelle 1. Bestimmung von $i_{(r)}$ für $r = 0,1$ cm

1.	2.	3.	4.	5.	6.	7.
x (cm)	$J_{(x)}$	$\frac{dJ}{dx}$	$\xi = \frac{x}{r}$	$\frac{1}{\pi} \cdot \ln (\xi + \sqrt{\xi^2 - 1})$	$\Delta \left(\frac{1}{\pi} \cdot \ln \ldots\right)$	$-\frac{dJ}{dx} \cdot \Delta \left(\frac{1}{\pi} \cdot \ln \ldots\right)$
2,0	0,000		20	1,174.008		
		— 3,75			0,016.348	0,061.305
1,9	0,375		19	1,157.660		
		— 4,25			0,017.236	0,073.253
1,8	0,800		18	1,140.424		
		— 5,10			0,018.224	0,092.942.4
1,7	1,31		17	1,122.200		
		— 4,90			0,019.333	0,094.731.7
1,6	1,80		16	1,102.867		
		+ 1,50			0,020.586	—0,030.879
1,5	1,65		15	1,082.281		
		— 7,50			0,022.014	0,165.105
1,4	2,40		14	1,060.267		
		— 29,7			0,023.654	0,702.523.8
1,3	5,37		13	1,036.613		
		— 52,3			0,025.561	1,336.840.3
1,2	10,6		12	1,011.052		
		— 84			0,027.802	2,335.368
1,1	19,0		11	0,983.250		
		—102			0,030.477	3,108.654
1,0	29,2		10	0,952.773		
		—116			0,033.726	3,912.216
0,9	40,8		9	0,919.047		
		—112			0,037.755	4,228.560
0,8	52,0		8	0,881.292		
		— 82			0,042.890	3,516.980
0,7	60,2		7	0,838.402		
		— 68			0,049.665	3,377.220
0,6	67,0		6	0,788.737		
		— 61			0,059.033	3,601.013
0,5	73,1		5	0,729.704		
		— 49			0,072.891	3,571.659
0,4	78,0		4	0,656.813		
		— 36			0,095.713	3,445.668
0,3	81,6		3	0,561.100		
		— 24			0,141.899	3,405.576
0,2	84,0		2	0,419.201		
		— 15			0,419.201	6,288.015
$0,1 = r$	85,5		1	0,000.000		
		— 5			$i_{(r=0,1)} =$	43,286.751.2
0,0	86,0					

Für die Differentialquotienten in Gleichung (4) ist zu setzen:

$$\left(\frac{dJ}{dx}\right)_{x_{k-1}}^{x_k} = \frac{J_{(x_k)} - J_{(x_{k-1})}}{x_k - x_{k-1}}. \qquad (6)$$

Da dJ/dx an den meisten Stellen der gemessenen Kurven negativ zu sein pflegt, wird $i_{(r)}$ nach Gleichung (4) fast immer positiv.

Mit Benutzung der im Anhang tabellierten Funktion

$$f_{(\xi)} = \frac{1}{\pi} \cdot \ln\left(\xi + \sqrt{\xi^2 - 1}\right)$$

erfordert die Ermittlung eines jeden Summanden der Gleichung (4) nur zwei elementare Rechenoperationen, nämlich die Bildung von $\xi = x/r$ und von dJ/dx nach Gleichung (6). Zur Feststellung des Verlaufes von $i_{(r)}$ über r wird Gleichung (4) auf mehrere Punkte mit verschiedenem r so angewendet, wie dies im folgenden Beispiel für *einen* Wert von r gezeigt wird. Das Beispiel betrifft die Auswertung einer photometrischen Messung an einer mit Xenon gefüllten Lichtbogenlampe, Type XF 3000, Stromstärke 5 A.

4. Beispiel für die Auswertung einer Messung

Die Spalten 1 und 2 der Tabelle 1 enthalten Meßwerte. Die Lagen der Meßpunkte auf der x-Achse sind so gewählt, daß sich gleiche Abstände ergeben. Dadurch wird die Bildung von dJ/dx in Spalte 3 erleichtert. Wenn man auf diesen Vorteil verzichtet, kann man die Abstände auf der x-Achse willkürlich wählen. Nach Bildung von $\xi = x/r$ in Spalte 4 können die Werte $\left[\frac{1}{\pi} \cdot \ln\left(\xi + \sqrt{\xi^2 - 1}\right)\right]$ aus den Tabellen abgelesen werden. Die Differenzen dieser Funktion werden in Spalte 6 eingetragen, und zwar — ebenso wie dJ/dx in Spalte 3 — um eine halbe Zeile versetzt.

Die Multiplikation von Spalte 3 und 6 ergibt in Spalte 7 die einzelnen Summanden der Gleichung (4) mit Ausnahme des Restgliedes, welches für das vorliegende Beispiel wegfällt, da $J_{(x=R)} = 0$ ist. Die senkrechte Addition in Spalte 7 liefert den Wert $i_{(r)}$ der Strahlungsintensität pro Volumeneinheit im Abstand $r = 0{,}1$ cm von der Achse.

Die Stellenzahlen in den Spalten 5—7 wurden absichtlich so groß gewählt, wie die Funktionstabellen das zulassen. Im allgemeinen genügt es, die Stellenzahl der Genauigkeit der Meßwerte anzupassen.

Die in Tabelle 1 für $r = 0{,}1$ cm durchgeführte Rechnung muß nunmehr für mehrere r im Gebiet $0 < r < R$ wiederholt werden. Es ergibt sich der in Abb. 2 dargestellte Verlauf von $i_{(r)}$ über dem Radius der Gassäule. Die Kurve der Meßwerte $J_{(x)}$ ist ebenfalls in Abb. 2 eingetragen.

Der Wert $i_{(r=0)}$ kann nicht gerechnet, sondern muß interpoliert werden. Die Interpolation wird um so genauer, je näher der erste gerechnete Punkt (1 in Abb. 2) an der Achse der Gassäule liegt. Der Verwirklichung einer ausreichenden Annäherung dient die Erweiterung der Tabelle auf $\xi = 50$. Im Falle des vorliegenden Beispiels mit einem Außenradius von $R = 2$ cm könnte der innerste, berechnete Wert von $i_{(r)}$ auf $r = 0{,}04$ cm gelegt werden. Eine solche Verlagerung erübrigt sich zwar bei dem vorliegenden Beispiel, sie kann aber unter anderen Voraussetzungen für die deutliche Wiedergabe zweckmäßig sein.

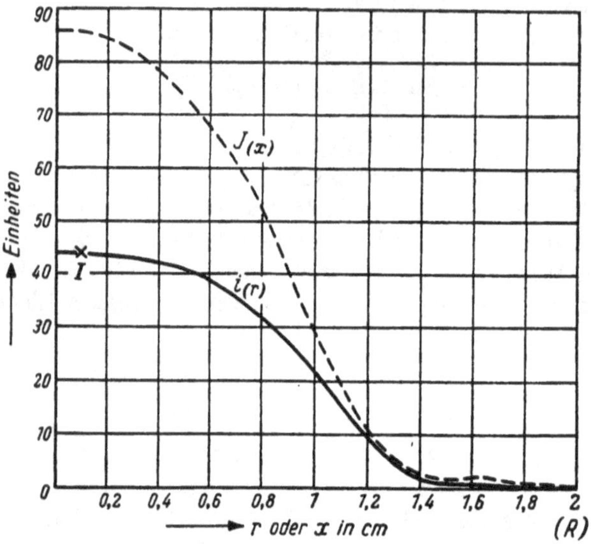

Abb. 2. $J_{(x)}$ = von der Gassäule ausgestrahlte Intensität, gemessen außerhalb der Gassäule.
$i_{(r)}$ = Verteilung der Intensität pro Volumeneinheit innerhalb der Gassäule, gerechnet nach Gl. (4).

C. Fehlerabschätzung

Von allen Werten i über r interessiert hauptsächlich der Wert an der Stelle $r = 0$. Deshalb ist es zweckmäßig, Betrachtungen über mögliche Fehler auf diesen Wert abzustimmen.

Die Hauptfehlerquelle liegt in der abschnittweisen Integration und in der Annahme, daß dJ/dx auf einem Abschnitt konstant ist. Deshalb wird die Auswertung um so genauer, je kleiner die Abschnitte ausfallen, d. h. je mehr Meßpunkte vorhanden sind.

Das Beispiel der Tabelle 1 enthält 20 Meßpunkte. Der Punkt $J_{(x=0)}$ wird bei der Auswertung nicht benutzt und daher nicht mitgezählt. Als Ergebnis der Auswertung nach Gleichung (4) und (5) ist der Verlauf der Funktion $i_{(r)}$ in der Nähe von $r = 0$ auf Abb. 3a dargestellt. Die Interpolation ergibt:

$$i_{(r=0)} = 43{,}9 \qquad \text{(bei 20 Meßpunkten).}$$

Würde man die Zahl der Meßpunkte auf 10 reduzieren, etwa dadurch, daß man nur jedes zweite Wertepaar der Tabelle 1 verwendet, so ergäbe sich ein Verlauf nach Abb. 3b. Der interpolierte Wert an der Stelle $r = 0$ betrüge.

$$i_{(r=0)} = 44{,}1 \qquad \text{(bei 10 Meßpunkten).}$$

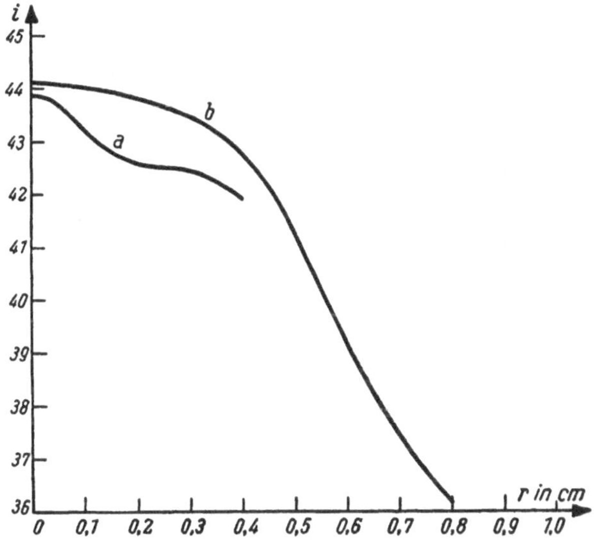

Abb. 3. Verlauf von $i_{(r)}$ in der Nähe $r = 0$. a) mit 20 Meßpunkten, b) mit 10 Meßpunkten.

Der Unterschied von nur 0,5% läßt erkennen, daß eine Erhöhung der Zahl der Meßpunkte über 20 hinaus für das vorliegende Beispiel keinen Gewinn brächte.

Eine weitere Fehlerquelle liegt in der Benutzung von interpolierten Werten der Funktion $f_{(\xi)} = \frac{1}{\pi} \cdot \ln(\xi + \sqrt{\xi^2 - 1})$, die zwischen den Tabellenwerten liegen. Der dadurch entstehende Fehler macht sich aber nur bemerkbar in der Nähe von $\xi = 1{,}0$ — also vorwiegend beim letzten Summanden in Spalte 7 der Tabelle 1. In der nachfolgenden Tabelle 2 sind für einige Zwischenwerte von ξ die durch Interpolation verursachten Fehler von $f_{(\xi)}$ angegeben. Demnach sollte man unter $\xi = 1{,}004$ keine interpolierten Werte anwenden.

Tabelle 2.
Fehler durch Interpolation

ξ	$\frac{\Delta f_{(\xi)}}{f_{(\xi)}}$
1,0005	—29,29%
1,0015	— 1,44%
1,0025	— 0,51%
1,0035	— 0,15%

D. Literaturverzeichnis

[1] G. Schmitz: Zur Temperaturverteilung im freibrennenden Kohlebogen. Zs. f. Phys. **126** (1949) S. 1.
[2] R. W. Larenz: Über ein Verfahren zur Messung sehr hoher Temperaturen. Zs. f. Phys. **129** (1951) S. 328 u. 363.
[3] H. Hörmann: Temperaturverteilung und Elektronendichte. Zs. f. Phys. **97** (1935) S. 539.
[4] H. Schardin: Die Schlierenverfahren und ihre Anwendung. Ergebn. d. exakt. Naturwiss. **20** (1942) S. 303.
[5] J. Sperling: Das Temperaturfeld im freien Kohlebogen. Zs. f. Phys. **128** (1950) S. 273.
[6] H. Maecker: Elektronendichte und Temperatur in der Säule des Hochstrombogens. Z. f. Phys. **136** (1953) S. 119.
[7] I. Friedrich: Zur Auswertung seitlicher Beobachtungen an zylindrischen Bögen. Ann. Phys. (7) **3** (1959) S. 327.

E. Anhang

Tabellen der Funktion $f_{(\xi)} = \frac{1}{\pi} \cdot \ln (\xi + \sqrt{\xi^2 - 1})$

Die Funktion $\frac{1}{\pi} \cdot \ln\,(\xi + \sqrt{\xi^2 - 1}) = 0{,}732.936 \cdot \log \ldots$

ξ	0	1	2	3	4	5	6	7	8	9	Diff.
1,00	0,000.000	14.234	20.128	24.650	28.461	31.818	34.852	37.641	40.237	42.674	
1,01	0,044.978	47.169	49.263	51.270	53.201	55.064	56.865	58.611	60.305	61.952	2.192—1.566
1,02	0,063.556	65.120	66.647	68.140	69.600	71.029	72.429	73.803	75.151	76.475	1.565—1.280
1,03	0,077.776	79.055	80.313	81.552	82.772	83.973	85.157	86.324	87.476	88.613	1.279—1.109
1,04	0,089.734	90.841	91.935	93.016	94.083	95.138	96.182	97.214	98.234	99.244	1.108— .990
1,05	0,100.244	01.233	02.212	03.182	04.143	05.094	06.036	06.970	07.895	08.812	.989— .902
1,06	0,109.721	10.623	11.517	12.404	13.284	14.156	15.021	15.880	16.732	17.578	.901— .834
1,07	0,118.417	19.250	20.077	20.898	21.713	22.523	23.327	24.126	24.919	25.707	.833— .779
1,08	0,126.490	27.268	28.041	28.809	29.572	30.330	31.084	31.833	32.578	33.319	.778— .732
1,09	0,134.055	34.786	35.514	36.238	36.958	37.673	38.384	39.092	39.796	40.496	.731— .694
1,10	0,141.192	41.885	42.574	43.260	43.942	44.621	45.296	45.968	46.637	47.303	.693— .660
1,11	0,147.965	48.624	49.280	49.933	50.583	51.230	51.874	52.515	53.153	53.788	.659— .630
1,12	0,154.420	55.050	55.677	56.301	56.923	57.542	58.158	58.772	59.383	59.992	.629— .605
1,13	0,160.598	61.202	61.803	62.402	62.998	63.592	64.184	64.773	65.360	65.945	.604— .581
1,14	0,166.528	67.109	67.687	68.263	68.837	69.409	69.978	70.546	71.112	71.676	.580— .560
1,15	0,172.237	72.796	73.354	73.910	74.463	75.014	75.564	76.112	76.658	77.202	.559— .541
1,16	0,177.744	78.285	78.824	79.361	79.897	80.430	80.962	81.492	82.020	82.546	.540— .525
1,17	0,183.071	83.594	84.116	84.636	85.154	85.671	86.186	86.700	87.212	87.722	.524— .509
1,18	0,188.231	88.739	89.245	89.749	90.252	90.753	91.253	91.752	92.249	92.744	.508— .494
1,19	0,193.238	93.731	94.222	94.712	95.201	95.688	96.174	96.659	97.142	97.624	.493— .480
1,20	0,198.104	98.583	99.061	99.538	$\overline{00}$.013	$\overline{00}$.487	$\overline{00}$.960	$\overline{01}$.432	$\overline{01}$.902	$\overline{02}$.371	.479— .468
1,21	0,202.839	03.306	03.771	04.235	04.698	05.160	05.621	06.081	06.539	06.996	.467— .456
1,22	0,207.452	07.907	08.361	08.813	09.264	09.715	10.165	10.613	11.060	11.506	.455— .445
1,23	0,211.951	12.395	12.838	13.280	13.720	14.160	14.599	15.037	15.473	15.908	.444— .435
1.24	0,216.343	16.777	17.210	17.642	18.072	18.501	18.930	19.358	19.785	20.211	.434— .425
1,25	0,220.636	21.060	21.483	21.905	22.326	22.746	23.166	23.584	24.001	24.418	.424— .415
1,26	0,224.834	25.248	25.662	26.075	26.488	26.899	27.309	27.719	28.128	28.535	.414— .408
1,27	0,228.942	29.349	29.754	30.158	30.562	30.965	31.367	31.768	32.169	32.568	.407— .399
1,28	0,232.967	33.365	33.762	34.159	34.554	34.949	35.343	35.736	36.129	36.521	.398— .391
1,29	0,236.912	37.302	37.691	38.080	38.468	38.855	39.242	39.627	40.012	40.397	.390— .384
1,30	0,240.780	41.163	41.545	41.927	42.307	42.687	43.067	43.445	43.823	44.200	.383— .377
1,31	0,244.577	44.953	45.328	45.702	46.076	46.449	46.821	47.193	47.564	47.935	.376— .370
1,32	0,248.304	48.673	49.042	49.410	49.777	50.143	50.509	50.875	51.239	51.603	.369— .364
1,33	0,251.966	52.329	52.691	53.052	53.413	53.774	54.133	54.492	54.851	55.208	.363— .356
1,34	0,255.565	55.922	56.278	56.633	56.988	57.342	57.696	58.049	58.401	58.753	.357— .352
1,35	0,259.104	59.455	59.805	60.155	60.504	60.852	61.200	61.547	61.894	62.240	.351— .346
1,36	0,262.586	62.931	63.275	63.619	63.963	64.306	64.648	64.990	65.531	65.672	.345— .341
1,37	0,266.012	66.352	66.691	67.029	67.367	67.705	68.042	68.378	68.714	69.050	.340— .335
1,38	0,269.385	69.719	70.053	70.387	70.720	71.052	71.384	71.715	72.046	72.377	.334— .330
1,39	0,272.707	73.036	73.365	73.694	74.022	74.349	74.676	75.003	75.329	75.654	.329— .326
1,40	0,275.979	76.304	76.628	76.952	77.275	77.598	77.920	78.242	78.564	78.885	.325— .321
1,41	0,279.205	79.525	79.844	80.163	80.482	80.800	81.118	81.435	81.752	82.068	.320— .315
1,42	0,282.384	82.700	83.015	83.330	83.644	83.958	84.271	84.584	84.896	85.208	.316— .312
1,43	0,285.520	85.831	86.142	86.452	86.762	87.072	87.381	87.689	87.998	88.306	.311— .308
1,44	0,288.613	88.920	89.226	89.532	89.838	90.144	90.449	90.753	91.057	91.361	.307— .304
1,45	0,291.665	91.967	92.270	92.572	92.874	93.175	93.476	93.777	94.077	94.377	.303— .300
1,46	0,294.676	94.975	95.274	95.572	95.870	96.168	96.465	96.762	97.058	97.354	.299— .296
1,47	0,297.650	97.945	98.240	98.534	98.828	99.122	99.415	99.708	$\overline{00}$.001	$\overline{00}$.293	.295— .293
1,48	0,300.585	00.877	01.168	01.459	01.749	02.039	02.329	02.619	02.908	03.196	.292— .289
1,49	0,303.485	03.773	04.060	04.348	04.635	04.922	05.208	05.493	05.779	06.064	.288— .286
1,50	0,306.349										

Die Funktion $\frac{1}{\pi} \cdot \ln\,(\xi + \sqrt{\xi^2 - 1}) = 0{,}732.936 \cdot \log \ldots$

ξ	0	1	2	3	4	5	6	7	8	9	Diff.
1,50	0,306.349	06.634	06.918	07.202	07.485	07.768	08.051	08.334	08.616	08.898	.284— .282
1,51	0,309.179	09.460	09.741	10.022	10.302	10.582	10.862	11.141	11.419	11.698	.281— .279
1,52	0,311.976	12.254	12.532	12.809	13.086	13.362	13.639	13.915	14.191	14.466	.278— .275
1,53	0,314.741	15.016	15.290	15.564	15.838	16.111	16.384	16.657	16.930	17.202	.274— .272
1,54	0,317.474	17.746	18.017	18.288	18.559	18.829	19.099	19.369	19.639	19.908	.271— .269
1,55	0,320.177	20.446	20.714	20.982	21.250	21.517	21.784	22.051	22.318	22.584	.268— .266
1,56	0,322.850	23.116	23.381	23.646	23.911	24.176	24.440	24.704	24.968	25.231	.265— .264
1,57	0,325.494	25.757	26.020	26.282	26.544	26.806	27.067	27.328	27.589	27.850	.263— .261
1,58	0,328.110	28.370	28.630	28.890	29.149	29.408	29.667	29.925	30.183	30.441	.260— .258
1,59	0,330.698	30.956	31.213	31.470	31.727	31.983	32.239	32.495	32.750	33.005	.257— .256
1,60	0,333.260	33.515	33.769	34.024	34.278	34.531	34.785	35.038	35.291	35.544	.255— .253
1,61	0,335.796	36.048	36.300	36.552	36.803	37.054	37.305	37.556	37.806	38.056	.252— .250
1,62	0,338.306	38.556	38.805	39.054	39.303	39.552	39.800	40.048	40.296	40.544	.249— .248
1,63	0,340.791	41.038	41.285	41.532	41.778	42.025	42.271	42.516	42.762	43.007	.247— .246
1,64	0,343.252	43.497	43.741	43.986	44.230	44.473	44.717	44.960	45.203	45.446	.245— .243
1,65	0,345.689	45.931	46.174	46.416	46.657	46.899	47.140	47.381	47.622	47.862	.242— .241
1,66	0,348.103	48.343	48.583	48.822	49.062	49.301	49.540	49.779	50.017	50.256	.240— .239
1,67	0,350.494	50.732	50.969	51.207	51.444	51.681	51.918	52.154	52.391	52.627	.238— .236
1,68	0,352.863	53.098	53.334	53.569	53.804	54.039	54.274	54.508	54.742	54.976	.235— .234
1,69	0,355.210	55.443	55.677	55.910	56.143	56.375	56.608	56.840	57.072	57.304	.233— .232
1,70	0,357.536	57.767	57.998	58.229	58.460	58.691	58.921	59.151	59.381	59.611	.231— .230
1,71	0,359.841	60.070	60.299	60.528	60.757	60.985	61.214	61.442	61.670	61.898	.229— .228
1,72	0,362.125	62.353	62.580	62.807	63.034	63.260	63.487	63.713	63.939	64.164	.227— .226
1,73	0,364.390	64.615	64.841	65.066	65.290	65.515	65.739	65.964	66.188	66.411	.225— .224
1,74	0,366.635	66.858	67.082	67.305	67.528	67.750	67.973	68.195	68.417	68.639	.223— .222
1,75	0,368.861	69.083	69.304	69.525	69.746	69.967	70.188	70.408	70.628	70.848	.221
1,76	0,371.068	71.288	71.507	71.727	71.946	72.165	72.383	72.602	72.820	73.039	.220— .219
1,77	0,373.257	73.475	73.692	73.910	74.127	74.344	74.561	74.778	74.995	75.211	.218— .217
1,78	0,375.427	75.643	75.859	76.075	76.291	76.506	76.721	76.936	77.151	77.366	.216— .215
1,79	0,377.580	77.794	78.008	78.222	78.436	78.650	78.863	79.077	79.290	79.503	.214— .213
1,80	0,379.716	79.928	80.141	80.353	80.565	80.777	80.989	81.200	81.411	81.623	.212— .211
1,81	0,381.834	82.045	82.255	82.466	82.676	82.887	83.097	83.307	83.516	83.726	.210
1,82	0,383.935	84.145	84.354	84.563	84.771	84.980	85.188	85.397	85.605	85.813	.209— .208
1,83	0,386.020	86.228	86.435	86.643	86.850	87.057	87.264	87.470	87.677	87.883	.207
1,84	0,388.089	88.295	88.501	88.707	88.912	89.118	89.323	89.528	89.733	89.938	.206— .205
1,85	0,390.142	90.347	90.551	90.755	90.959	91.163	91.366	91.570	91.773	91.977	.204— .203
1,86	0,392.180	92.382	92.585	92.787	92.990	93.192	93.395	93.597	93.798	94.000	.202
1,87	0,394.202	94.403	94.604	94.805	95.006	95.207	95.408	95.608	95.808	96.008	.201— .200
1,88	0,396.208	96.408	96.608	96.808	97.007	97.206	97.405	97.604	97.803	98.002	.199
1,89	0,398.201	98.399	98.597	98.795	98.993	99.191	99.389	99.586	99.784	99.981	.198
1,90	0,400.178	00.375	00.572	00.769	00.965	01.161	01.358	01.554	01.750	01.946	.197— .196
1,91	0,402.141	02.337	02.352	02.727	02.922	03.117	03.312	03.507	03.702	03.896	.195
1,92	0,404.090	04.284	04.478	04.672	04.866	05.060	05.253	05.446	05.640	05.833	.194
1,93	0,406.025	06.218	06.411	06.603	06.796	06.988	07.180	07.372	07.564	07.755	.193— .192
1,94	0,407.947	08.138	08.330	08.521	08.712	08.903	09.093	09.284	09.474	09.665	.191
1,95	0,409.855	10.045	10.235	10.425	10.615	10.804	10.993	11.183	11.372	11.561	.190— .189
1,96	0,411.750	11.030	12.127	12.316	12.504	12.092	12.880	13.008	13.256	13.444	.188
1,97	0,413.632	13.819	14.006	14.194	14.381	14.568	14.755	14.941	15.128	15.314	.187
1,98	0,415.501	15.687	15.873	16.059	16.245	16.430	16.616	16.801	16.987	17.172	.186— .185
1,99	0,417.357	17.542	17.727	17.911	18.096	18.281	18.465	18.649	18.833	19.017	.184
2,00	0,419.201										

Die Funktion $\frac{1}{\pi} \cdot \ln(\xi + \sqrt{\xi^2 - 1}) = 0{,}732.936 \cdot \log \ldots$

ξ	0	1	2	3	4	5	6	7	8	9	Diff.
2,00	0,419.201	19.385	19.568	19.752	19.935	20.118	20.301	20.484	20.667	20.850	.184— .183
2,01	421.033	21.215	21.397	21.580	21.762	21.944	22.126	22.308	22.489	22.671	.182
2,02	422.852	23.034	23.215	23.396	23.577	23.758	23.938	24.119	24.299	24.480	.181— .180
2,03	424.660	24.840	25.020	25.200	25.380	25.559	25.739	25.918	26.098	26.277	.179
2,04	426.456	26.635	26.814	26.992	27.171	27.350	27.528	27.706	27.884	28.062	.178
2,05	428.240	28.418	28.596	28.773	28.951	29.128	29.306	29.483	29.660	29.837	.177
2,06	430.013	30.190	30.367	30.543	30.719	30.896	31.072	31.248	31.424	31.600	.176
2,07	431.775	31.951	32.126	32.302	32.477	32.652	32.827	33.002	33.177	33.351	.175
2,08	433.526	33.700	33.875	34.049	34.223	34.397	34.571	34.745	34.919	35.092	.174
2,09	435.266	35.439	35.612	35.786	35.959	36.132	36.305	36.477	36.650	36.822	.173
2,10	436.995	37.167	37.339	37.511	37.683	37.855	38.027	38.199	38.371	38.542	.172
2,11	438.713	38.885	39.056	39.227	39.398	39.569	39.739	39.910	40.081	40.251	.171
2,12	440.421	40.592	40.762	40.932	41.102	41.271	41.441	41.611	41.780	41.950	.170
2,13	442.119	42.288	42.457	42.626	42.795	42.964	43.133	43.302	43.470	43.638	.169
2,14	443.806	43.975	44.143	44.311	44.479	44.646	44.814	44.982	45.149	45.317	.168
2,15	445.484	45.651	45.818	45.985	46.152	46.319	46.486	46.652	46.819	46.985	.167
2,16	447.151	47.318	47.484	47.650	47.816	47.981	48.147	48.313	48.478	48.644	.166
2,17	448.809	48.974	49.139	49.304	49.469	49.634	49.799	49.964	50.128	50.293	.165
2,18	450.457	50.621	50.786	50.950	51.114	51.277	51.441	51.605	51.769	51.932	.164
2,19	452.096	52.259	52.422	52.585	52.748	52.911	53.074	53.237	53.400	53.562	.163
2,20	453.725	53.887	54.049	54.212	54.374	54.536	54.698	54.859	55.021	55.183	.162
2,21	455.344	55.506	55.667	55.828	55.990	56.151	56.312	56.473	56.633	56.794	.161
2,22	456.955	57.115	57.276	57.436	57.596	57.757	57.917	58.077	58.237	58.396	.160
2,23	458.556	58.716	58.875	59.035	59.194	59.354	59.513	59.672	59.831	59.990	.159
2,24	460.149	60.308	60.466	60.625	60.783	60.942	61.100	61.258	61.416	61.574	.158
2,25	461.732	61.890	62.048	62.206	62.363	62.521	62.678	62.836	62.993	63.150	.157
2,26	463.307	63.464	63.621	63.778	63.935	64.092	64.248	64.405	64.561	64.717	
2,27	464.874	65.030	65.186	65.342	65.498	65.654	65.809	65.965	66.121	66.276	.156
2,28	466.431	66.587	66.742	66.897	67.052	67.207	67.362	67.517	67.671	67.826	.155
2,29	467.981	68.135	68.289	68.444	68.598	68.752	68.906	69.060	69.214	69.368	.154
2,30	469.522	69.675	69.829	69.982	70.136	70.289	70.442	70.595	70.748	70.901	.153
2,31	471.054	71.207	71.360	71.513	71.665	71.818	71.970	72.122	72.275	72.427	
2,32	472.579	72.731	72.883	73.035	73.186	73.338	73.490	73.641	43.793	73.944	.152
2,33	474.095	74.247	74.398	74.549	74.700	74.851	75.001	75.152	75.303	75.453	.151
2,34	475.604	75.754	75.905	76.055	76.205	76.355	76.505	76.655	76.805	76.955	.150
2,35	477.105	77.254	77.404	77.553	77.703	77.852	78.001	78.150	78.300	78.449	.149
2,36	478.598	78.746	78.895	79.044	79.193	79.341	79.490	79.638	79.786	79.935	
2,37	480.083	80.231	80.379	80.527	80.675	80.823	80.970	81.118	81.265	81.413	.148
2,38	481.560	81.708	81.855	82.002	82.149	82.296	82.443	82.590	82.737	82.884	.147
2,39	483.030	83.177	83.324	83.470	83.616	83.763	83.909	84.055	84.201	84.347	.146
2,40	484.493	84.639	84.785	84.930	85.076	85.222	85.367	85.513	85.658	85.803	
2,41	485.949	86.094	86.239	86.384	86.529	86.673	86.818	86.963	87.107	87.252	.145
2,42	487.396	87.541	87.685	87.830	87.974	88.118	88.262	88.406	88.550	88.694	.144
2,43	488.837	88.981	89.125	89.268	89.412	89.555	89.698	89.842	89.985	90.128	.143
2,44	490.271	90.414	90.557	90.700	90.843	90.985	91.128	91.270	91.413	91.555	
2,45	491.698	91.840	91.982	92.124	92.266	92.408	92.550	92.692	92.834	92.976	.142
2,46	493.118	93.259	93.401	93.542	93.683	93.825	93.966	94.107	94.248	94.389	
2,47	494.530	94.671	94.812	94.953	95.093	95.234	95.375	95.515	95.656	95.796	.141
2,48	495.936	96.076	96.217	96.357	96.497	96.637	96.777	96.916	97.056	97.196	.140
2,49	497.335	97.475	97.614	97.754	97.893	98.033	98.172	98.311	98.450	98.589	.139
2,50	498.728										

Die Funktion $\frac{1}{\pi} \cdot \ln (\xi + \sqrt{^2\xi - 1}) = 0{,}732.936 \cdot \log \ldots$

ξ	0	1	2	3	4	5	6	7	8	9	Diff.
2,50	0,498.728	98.867	99.006	99.144	99.283	99.422	99.560	99.699	99.837	99.976	
2,51	0,500.114	00.252	00.390	00.528	00.666	00.804	00.942	01.080	01.218	01.356	.138
2,52	0,501.493	01.631	01.768	01.906	02.043	02.181	02.318	02.455	02.592	02.729	
2,53	0,502.866	03.003	03.140	03.277	03.414	03.550	03.687	03.823	03.960	04.096	.137
2,54	0,504.233	04.369	04.505	04.641	04.777	04.913	05.049	05.185	05.321	05.457	.136
2,55	0,505.593	05.728	05.864	06.000	06.135	06.270	06.406	06.541	06.676	06.812	
2,56	0,506.947	07.082	07.217	07.352	07.486	07.621	07.756	07.891	08.025	08.160	.135
2,57	0,508.294	08.429	08.563	08.697	08.832	08.966	09.100	09.234	09.368	09.502	
2,58	0,509.636	09.770	09.903	10.037	10.171	10.304	10.438	10.571	10.704	10.838	.134
2,59	0,510.971	11.104	11.237	11.370	11.503	11.636	11.769	11.902	12.035	12.168	.133
2,60	0,512.300	12.433	12.565	12.698	12.830	12.963	13.095	13.227	13.359	13.492	
2,61	0,513.624	13.756	13.888	14.019	14.151	14.283	14.415	14.546	14.678	14.810	.132
2,62	0,514.941	15.072	15.204	15.335	15.466	15.597	15.729	15.860	15.991	16.122	
2,63	0,516.252	16.383	16.514	16.645	16.775	16.906	17.037	17.167	17.297	17.428	.131
2,64	0,517.558	17.688	17.819	17.949	18.079	18.209	18.339	18.469	18.599	18.728	.130
2,65	0,518.858	18.988	19.117	19.247	19.376	19.506	19.635	19.765	19.894	20.023	
2,66	0,520.152	20.281	20.410	20.539	20.668	20.797	20.926	21.055	21.184	21.312	.129
2,67	0,521.441	21.569	21.698	21.826	21.955	22.083	22.211	22.340	22.468	22.596	.128
2,68	0,522.724	22.852	22.980	23.108	23.235	23.363	23.491	23.619	23.746	23.874	
2,69	0,524.001	24.129	24.256	24.383	24.511	24.638	24.765	24.892	25.019	25.146	.127
2,70	0,525.273	25.400	25.527	25.654	25.780	25.907	26.034	26.160	26.287	26.413	
2,71	0,526.540	26.666	26.792	26.919	27.045	27.171	27.297	27.423	27.549	27.675	.126
2,72	0,527.801	27.927	28.052	28.178	28.304	28.429	28.555	28.680	28.806	28.931	
2,73	0,529.056	29.181	29.307	29.432	29.557	29.682	29.807	29.932	30.057	30.182	.125
2,74	0,530.307	30.432	30.556	30.681	30.806	30.930	31.055	31.179	31.303	31.428	
2,75	0,531.552	31.676	31.800	31.925	32.049	32.173	32.297	32.421	32.544	32.668	.124
2,76	0,532.792	32.916	33.039	33.163	33.287	33.410	33.534	33.657	33.780	33.904	
2,77	0,534.027	34.150	34.273	34.396	34.519	34.642	34.765	34.888	35.011	35.134	.123
2,78	0,535.256	35.379	35.502	35.624	35.747	35.869	35.992	36.114	36.237	36.359	
2,79	0,536.481	36.603	36.725	36.847	36.969	37.091	37.213	37.335	37.457	37.579	.122
2,80	0,537.701	37.822	37.944	38.066	38.187	38.309	38.430	38.551	38.673	38.794	
2,81	0,538.915	39.036	39.158	39.279	39.400	39.521	39.642	39.763	39.883	40.004	.121
2,82	0,540.125	40.246	40.366	40.487	40.607	40.728	40.848	40.969	41.089	41.209	
2,83	0,541.330	41.450	41.570	41.690	41.810	41.930	42.050	42.170	42.290	42.410	.120
2,84	0,542.530	42.649	42.769	42.889	43.008	43.128	43.247	43.367	43.486	43.605	
2,85	0,543.725	43.844	43.963	44.082	44.201	44.320	44.439	44.558	44.677	44.796	.119
2,86	0,544.915	45.034	45.153	45.271	45.390	45.508	45.627	45.745	45.864	45.982	
2,87	0,546.101	46.219	46.337	46.455	46.573	46.692	46.810	46.928	47.046	47.164	.118
2,88	0,547.282	47.399	47.517	47.635	47.753	47.870	47.988	48.105	48.223	48.340	
2,89	0,548.458	48.575	48.693	48.810	48.927	49.044	49.161	49.278	49.396	49.513	
2,90	0,549.630	49.746	49.863	49.980	50.097	50.214	50.330	50.447	50.563	50.680	.117
2,91	0,550.796	50.913	51.029	51.146	51.262	51.378	51.495	51.611	51.727	51.843	
2,92	0,551.959	52.075	52.191	52.307	52.423	52.539	52.654	52.770	52.886	53.001	.116
2,93	0,553.117	53.233	53.348	53.464	53.579	53.694	53.810	53.925	54.040	54.155	
2,94	0,554.271	54.386	54.501	54.616	54.731	54.846	54.961	55.075	55.190	55.305	.115
2,95	0,555.420	55.534	55.649	55.764	55.878	55.993	56.107	56.222	56.336	56.450	
2,96	0,556.564	56.679	56.793	56.907	57.021	57.135	57.249	57.363	57.477	57.591	.114
2,97	0,557.705	57.819	57.932	58.046	58.160	58.273	58.387	58.501	58.614	58.727	
2,98	0,558.841	58.954	59.068	59.181	59.294	59.407	59.520	59.634	59.747	59.860	
2,99	0,559.973	60.086	60.198	60.311	60.424	60.537	60.650	60.762	60.875	60.988	.113
3,00	0,561.100										

Die Funktion $\frac{1}{\pi} \cdot \ln (\xi + \sqrt{\xi^2 - 1}) = 0{,}732.936 \cdot \log \ldots$

ξ	0	1	2	3	4	5	6	7	8	9	Diff
3,00	0,561.100	61.213	61.325	61.438	61.550	61.662	61.775	61.887	61.999	62.111	.113
3,01	0,562.223	62.336	62.448	62.560	62.672	62.784	62.895	63.007	63.119	63.231	.112
3,02	0,563.343	63.454	63.566	63.678	63.789	63.901	64.012	64.123	64.235	64.346	
3,03	0,564.457	64.569	64.680	64.791	64.902	65.013	65.124	65.235	65.346	65.457	.111
3,04	0,565.568	65.679	65.790	65.901	66.012	66.122	66.233	66.344	66.454	66.565	
3,05	0,566.675	66.785	66.896	67.006	67.117	67.227	67.337	67.447	67.558	67.668	
3,06	0,567.778	67.888	67.998	68.108	68.218	68.328	68.438	68.547	68.657	68.767	.110
3,07	0,568.876	68.986	69.096	69.205	69.315	69.424	69.534	69.643	69.752	69.862	
3,08	0,569.971	70.080	70.189	70.299	70.408	70.517	70.626	70.735	70.844	70.953	.109
3,09	0,571.062	71.171	71.279	71.388	71.497	71.606	71.714	71.823	71.932	72.040	
3,10	0,572.149	72.257	72.365	72.474	72.582	72.690	72.799	72.907	73.015	73.123	
3,11	0,573.231	73.339	73.447	73.555	73.663	73.771	73.879	73.987	74.095	74.203	108
3,12	0,574.310	74.418	74.526	74.633	74.741	74.848	74.956	75.063	75.171	75.278	
3,13	0,575.385	75.493	75.600	75.707	75.814	75.921	76.029	76.136	76.243	76.350	.107
3,14	0,576.457	76.564	76.671	76.777	76.884	76 991	77.098	77.204	77.311	77.418	
3,15	0,577.524	77.631	77.737	77.844	77 950	78.057	78.163	78.269	78.376	78.482	
3,16	0,578.588	78.694	78.800	78.906	79.012	79.118	79.224	79.330	79.436	79.542	.106
3,17	0,579.648	79.754	79.860	79.965	80.071	80.177	80.282	80.388	80.493	80.599	
3,18	0,580.704	80.810	80.915	81.021	81.126	81.231	81.336	81.442	81.547	81.652	
3,19	0,581.757	81.862	81.967	82.072	82.177	82.282	82.387	82.492	82.597	82.701	.105
3,20	0,582.806	82.911	83.015	83.120	83.225	83.329	83.434	83.538	83.643	83.747	
3,21	0,583.851	83.956	84.060	84.164	84.268	84.373	84.477	84.581	84.685	84.789	
3,22	0,584.893	84 997	85.101	85.205	85.309	85.413	85.516	85.620	85.724	85.828	.104
3,23	0,585.931	86.035	86.139	86.242	86.346	86.449	86.553	86.656	86.759	86.863	
3,24	0,586.966	87.069	87.172	87.276	87.379	87.482	87.585	87.688	87.791	87.894	.103
3,25	0,587.997	88.100	88.203	88.306	88.408	88.511	88.614	88.717	88.819	88.922	
3,26	0,589.025	89.127	89.230	89.332	89.435	89.537	89.640	89.742	89.844	89.947	
3,27	0,590.049	90.151	90.253	90.355	90.457	90.560	90.662	90.764	90.866	90.968	.102
3,28	0,591.069	91.171	91.273	91.375	91.477	91.578	91.680	91.782	91.884	91.985	
3,29	0,592.087	92.188	92.290	92.391	92.493	92.594	92.695	92.797	92.898	92.999	
3,30	0,593.101	93.202	93.303	93.404	93.505	93.606	93.707	93.808	93.909	94.010	.101
3,31	0,594.111	94.212	94.313	94.414	94.514	94.615	94.716	94.816	94.917	95.018	
3,32	0,595,118	95.219	95.319	95.420	95.520	95.620	95.721	95.821	95.921	96.022	
3,33	0,596.122	96.222	96 322	96.422	96.523	96.623	96.723	96.823	96.923	97.023	.100
3,34	0,597.122	97.222	97.322	97.422	97.522	97.621	97.721	97.821	97.920	98.020	
3,35	0,598.120	98.219	98.319	98.418	98.518	98.617	98.716	98.816	98.915	99.014	
3,36	0,599.114	99.213	99.312	99.411	99.510	99.609	99.708	99.807	99.906	$\overline{00}$.005	.099
3,37	0,600.104	00.203	00.302	00.401	00.500	00.598	00.697	00.796	00.895	00.993	
3,38	0,601.092	01.190	01.289	01.387	01.486	01.584	01.683	01.781	01.879	01.978	
3,39	0,602.076	02.174	02.273	02.371	02.469	02.567	02.665	02.763	02.861	02.959	.098
3,40	0,603.057	03.155	03.253	03.351	03.449	03.547	03.644	03.742	03.840	03.937	
3,41	0,604.035	04.133	04.230	04.328	04.425	04.523	04.620	04.718	04.815	04.913	
3,42	0,605.010	05.107	05.205	05.302	05.399	05.496	05.593	05.690	05.788	05.885	
3,43	0,605.982	06.079	06.176	06.273	06.369	06.466	06.563	06.660	06.757	06.854	.097
3,44	0,606.950	07.047	07.144	07.240	07.337	07.433	07.530	07.627	07.723	07.819	
3,45	0,607.916	08.012	08.109	08.205	08.301	08.398	08.494	08.590	08.686	08.782	
3,46	0,608.878	08.974	09.070	09.166	09.262	09.358	09.454	09.550	09.646	09.742	.096
3,47	0,609.838	09.934	10.029	10.125	10.221	10.316	10.412	10.508	10.603	10.699	
3,48	0,610.794	10.890	10.985	11.081	11.176	11.271	11.367	11.462	11.557	11.653	
3,49	0,611.748	11.843	11.938	12.033	12.128	12.223	12.318	12.413	12.508	12.603	.095
3,50	0,612.698										

Die Funktion $\frac{1}{\pi} \cdot \ln\left(\xi + \sqrt{\xi^2 - 1}\right) = 0{,}732.936 \cdot \log \ldots$

ξ	0	1	2	3	4	5	6	7	8	9	Diff.
3,50	0,612.698	12.793	12.888	12.983	13.077	13.172	13.267	13.362	13.457	13.551	.095
3,51	0,613.646	13.740	13.835	13.930	14.024	14.119	14.213	14.307	14.402	14.496	
3,52	0,614.590	14.685	14.779	14.873	14.967	15.062	15.156	15.250	15.344	15.438	
3,53	0,615.532	15.626	15.720	15.814	15.908	16.002	16.096	16.190	16.283	16.377	.094
3,54	0,616.471	16.565	16.658	16.752	16.846	16.939	17.033	17.126	17.220	17.313	
3,55	0,617.407	17.500	17.594	17.687	17.780	17.874	17.967	18.060	18.153	18.247	
3,56	0,618.340	18.433	18.526	18.619	18.712	18.805	18.898	18.991	19.084	19.177	.093
3,57	0,619.270	19.363	19.456	19.549	19.641	19.734	19.827	19.920	20.012	20.105	
3,58	0,620.197	20.290	20.383	20.475	20.568	20.660	20.753	20.845	20.937	21.030	
3,59	0,621.122	21.214	21.307	21.399	21.491	21.583	21.675	21.768	21.860	21.952	.092
3,60	0,622.044	22.134	22.228	22.320	22412.	22.504	22.596	22.687	22.779	22.871	
3,61	0,622.963	23.055	23.146	23.238	23.330	23.421	23.513	23.605	23.696	23.788	
3,62	0,623 879	23.971	24.062	24.154	24.245	24.336	24.428	24.519	24.610	24.702	
3,63	0,624.793	24.884	24.975	25.066	25.157	25.249	25.340	25.431	25.522	25.613	.091
3,64	0,625.704	25.795	25.885	25.976	26.067	26.158	26.249	26.340	26.430	26.531	
3,65	0,626.612	26.702	26.793	26.884	26.974	27.065	27.155	27.246	27.336	27.427	
3,66	0,627.517	27.608	27.698	27.788	27.879	27.969	28.059	28.149	28.240	28.330	
3,67	0,628.420	28.510	28.600	28.690	28.780	28.870	28.960	29.050	29.140	29.230	.090
3,68	0,629.320	29.410	29.500	29.590	29.679	29.769	29.859	29.949	30.038	30.128	
3,69	0,630.218	30.307	30.397	30.486	30.576	30.665	30.755	30.844	30.934	31.023	
3,70	0,631.112	31.202	31.291	31.380	31.470	31.559	31.648	31.737	31.826	31.916	
3,71	0,632.005	32.094	32.183	32.272	32.361	32.450	32.539	32.628	32.717	32.805	.089
3,72	0,632.894	32.983	33.072	33.161	33.249	33.338	33.427	33.516	33.604	33.693	
3,73	0,633.781	33.870	33.958	34.047	34.135	34.224	34.312	34.401	34.489	34.578	
3,74	0,634.666	34.754	34.843	34.931	35.019	35.107	35.195	35.284	35.372	35.460	
3,75	0,635.548	35.636	35.724	35.812	35.900	35.988	36.076	36.164	36.252	36.340	.088
3,76	0,636.427	36.515	36.603	36.691	36.778	36.866	36.954	37.042	37.129	37.217	
3,77	0,637.304	37.392	37.479	37.567	37.654	37.742	37.829	37.917	38.004	38.091	
3,78	0,638.179	38.266	38.353	38.441	38.528	38.615	38.702	38.789	38.877	38.964	
3,79	0,639.051	39.138	39.225	39.312	39.399	39.486	39.573	39.660	39.747	39.833	.087
3,80	0,639.920	40.007	40.094	40.181	40.267	40.354	40.441	40.527	40.614	40.701	
3,81	0,640.787	40.874	40.960	41.047	41.133	41.220	41.306	41.393	41.479	41.565	
3,82	0,641.652	41.738	41.824	41.911	41.997	42.083	42.169	42.256	42.342	42.428	
3,83	0,642.514	42.600	42.686	42.772	42.858	42.944	43.030	43.116	43.202	43.288	.086
3,84	0,643.374	43.460	43.545	43.631	43.717	43.803	43.888	43.974	44.060	44.145	
3,85	0,644.231	44.317	44.402	44.488	44.573	44.659	44.744	44.830	44.915	45.001	
3,86	0,645.086	45.171	45.257	45.342	45.427	45.513	45.598	45.683	45.768	45.853	
3,87	0,645.939	46.024	46.109	46.194	46.279	46.364	46.449	46.534	46.619	46.704	.085
3,88	0,646.789	46.874	46.959	47.044	47.128	47.213	47.298	47.383	47.467	47.552	
3,89	0,647.637	47.721	47.806	47.891	47.975	48.060	48.144	48.229	48.313	48.398	
3,90	0,648.482	48.567	48.651	48.736	48.820	48.904	48.989	49.073	49.157	49.241	
3,91	0,649.326	49.410	49.494	49.578	49.662	49.746	49.831	49.915	50.000	50.083	
3,92	0,650.167	50.251	50.335	50.418	50.502	50.586	50.670	50.754	50.838	50.921	.084
3,93	0,651.005	51.089	51.173	51.256	51.340	51.424	51.507	51.591	51.675	51.758	
3,94	0,651.842	51.925	52.009	52.092	52.176	52.259	52.342	52.426	52.509	52.592	
3,95	0,652.676	52.759	52.842	52.926	53.009	53.092	53.175	53.258	53.341	53.425	
3,96	0,653.508	53.591	53.674	53.757	53.840	53.923	54.006	54.089	54.172	54.254	.083
3,97	0,654.337	54.420	54.503	54.586	54.668	54.751	54.834	54.917	54.999	55.082	
3,98	0,655.165	55.247	55.330	55.412	55.495	55.577	55.660	55.742	55.825	55.907	
3,99	0,655.990	56.072	56.155	56.237	56.319	56.402	56.484	56.566	56.648	56.731	.082
4,00	0,656.813										

Die Funktion $\frac{1}{\pi} \cdot \ln\left(\xi + \sqrt{\xi^2 - 1}\right) = 0{,}732.936 \cdot \log \ldots$

ξ	0	1	2	3	4	5	6	7	8	9	Diff.
4,00	0,656.813	56.895	56.977	57.059	57.141	57.223	57.305	57.388	57.470	57.552	
4,01	0,657.634	57.715	57.797	57.879	57.961	58.043	58.125	58.207	58.289	58.370	.082
4,02	0,658.452	58.534	58.616	58.697	58.779	58.861	58.942	59.024	59.105	59.187	
4,03	0,659.269	59.350	59.432	59.513	59.595	59.676	59.757	59.839	59.920	60.002	
4,04	0,660.083	60.164	60.245	60.327	60.408	60.489	60.570	60.652	60.733	60.814	
4,05	0,660.895	60.976	61.057	61.138	61.219	61.300	61.381	61.462	61.543	61.624	.081
4,06	0,661.705	61.786	61.867	61.948	62.028	62.109	62.190	62.271	62.351	62.432	
4,07	0,662.513	62.594	62.674	62.755	62.835	62.916	62.997	63.077	63.158	63.238	
4,08	0,663.319	63.399	63.480	63.560	63.640	63.721	63.801	63.881	63.962	64.042	
4,09	0,664.122	64.203	64.283	64.363	64.443	64.523	64.604	64.684	64.764	64.844	
4,10	0,664.924	65.004	65.084	65.164	65.244	65.324	65.404	65.484	65.564	65.643	
4,11	0,665.723	65.803	65.883	65.963	66.043	66.122	66.202	66.282	66.362	66.441	.080
4,12	0,666.521	66.600	66.680	66.760	66.839	66.919	66.998	67.078	67.157	67.237	
4,13	0,667.316	67.396	67.475	67.554	67.634	67.713	67.792	67.872	67.951	68.030	
4,14	0,668.110	68.189	68.268	68.347	68.426	68.505	68.585	68.664	68.743	68.822	
4,15	0,668.901	68.980	69.059	69.138	69.217	69.296	69.375	69.454	69.532	69.611	.079
4,16	0,669.690	69.769	69.848	69.927	70.005	70.084	70.163	70.241	70.320	70.399	
4,17	0,670.477	70.556	70.635	70.713	70.792	70.870	70.949	71.027	71.106	71.184	
4,18	0,671.263	71.341	71.420	71.498	71.576	71.655	71.733	71.811	71.890	71.968	
4,19	0,672.046	72.124	72.202	72.281	72.359	72.437	72.515	72.593	72.671	72.749	
4,20	0,672.827	72.905	72.983	73.061	73.139	73.217	73.295	73.373	73.451	73.529	.078
4,21	0,673.607	73.685	73.762	73.840	73.918	73.996	74.073	74.151	74.229	74.306	
4,22	0,674.384	74.462	74.539	74.617	74.694	74.772	74.850	74.927	75.005	75.082	
4,23	0,675.159	75.237	75.314	75.392	75.469	75.546	75.624	75.701	75.778	75.856	
4,24	0,675.933	76.010	76.087	76.165	76.242	76.319	76.396	76.473	76.550	76.627	
4,25	0,676.705	76.782	76.859	76.936	77.013	77.090	77.167	77.243	77.320	77.397	.077
4,26	0,677.474	77.551	77.628	77.705	77.781	77.858	77.935	78.012	78.089	78.165	
4,27	0,678.242	78.319	78.395	78.472	78.548	78.625	78.702	78.778	78.855	78.931	
4,28	0,679.008	79.084	79.161	79.237	79.314	79.390	79.466	79.543	79.619	79.695	
4,29	0,679.772	79.848	79.924	80.001	80.077	80.153	80.229	80.305	80.381	80.458	
4,30	0,680.534	80.610	80.686	80.762	80.838	80.914	80.990	81.066	81.142	81.218	.076
4,31	0,681.294	81.370	81.446	81.522	81.597	81.673	81.749	81.825	81.901	81.977	
4,32	0,682.052	82.128	82.204	82.279	82.355	82.431	82.506	82.582	82.658	82.733	
4,33	0,682.809	82.884	82.960	83.035	83.111	83.186	83.262	83.337	83.413	83.488	
4,34	0,683.563	83.639	83.714	83.789	83.865	83.940	84.015	84.090	84.166	84.241	
4,35	0,684.316	84.391	84.466	84.542	84.617	84.692	84.767	84.842	84.917	84.992	0.75
4,36	0,685.067	85.142	85.217	85.292	85.367	85.442	85.517	85.592	85.667	85.741	
4,37	0,685.816	85.891	85.966	86.041	86.115	86.190	86.265	86.340	86.414	86.489	
4,38	0,686.564	86.638	86.713	86.787	86.862	86.937	87.011	87.086	87.160	87.235	
4,39	0,687.309	87.384	87.458	87.532	87.607	87.681	87.756	87.830	87.904	87.979	
4,40	0,688.053	88.127	88.201	88.276	88.350	88.424	88.498	88.573	88.647	88.721	
4,41	0,688.795	88.869	88.943	89.017	89.091	89.165	89.239	89.313	89.387	89.461	.074
4,42	0,689.535	89.609	89.683	89.757	89.831	89.905	89.978	90.052	90.126	90.200	
4,43	0,690.274	90.347	90.421	90.495	90.568	90.642	90.716	90.789	90.863	90.937	
4,44	0,691.010	91.084	91.157	91.231	91.304	91.378	91.451	91.525	91.598	91.672	
4,45	0,691.745	91.819	91.892	91.965	92.039	92.112	92.185	92.259	92.332	92.405	
4,46	0,692.478	92.552	92.625	92.698	92.771	92.844	92.918	92.991	93.064	93.137	
4,47	0,693.210	93.283	93.356	93.429	93.502	93.575	93.648	93.721	93.794	93.867	.073
4,48	0,693.940	94.013	94.085	94.158	94.231	94.304	94.377	94.450	94.522	94.595	
4,49	0,694.668	94.740	94.813	94.886	94.958	95.031	95.104	95.176	95.249	95.321	
4,50	0,695.394										

Die Funktion $\frac{1}{\pi} \cdot \ln (\xi + \sqrt{\xi^2 - 1}) = 0{,}732.936 \cdot \log \ldots$

ξ	0	1	2	3	4	5	6	7	8	9	Diff.
4,50	0,695.394	95.467	95.539	95.612	95.684	95.757	95.829	95.902	95.974	96.046	.073
4,51	0,696.119	96.191	96.263	96.336	96.408	96.480	96.553	96.625	96.697	96.770	
4,52	0,696.842	96.914	96.986	97.058	97.130	97.203	97.275	97.347	97.419	97.491	
4,53	0,697.563	97.635	97.707	97.779	97.851	97.923	97.995	98.067	98.139	98.211	.072
4,54	0,698.283	98.355	98.426	98.498	98.570	98.642	98.714	98.785	98.857	98.929	
4,55	0,699.001	99.072	99.144	99.216	99.287	99.359	99.431	99.502	99.574	99.645	
4,56	0,699.717	99.788	99.860	99.931	$\overline{00}$.003	$\overline{00}$.074	$\overline{00}$.146	$\overline{00}$.217	$\overline{00}$.289	$\overline{00}$.360	
4,57	0,700.432	00.503	00.574	00.646	00.717	00.788	00.860	00.931	01.002	01.073	
4,58	0,701.145	01.216	01.287	01.358	01.429	01.500	01.572	01.643	01.714	01.785	
4,59	0,701.856	01.927	01.998	02.069	02.140	02.211	02.282	02.353	02.424	02.495	.071
4,60	0,702.566	02.636	02.707	02.778	02.849	02.920	02.991	03.061	03.132	03.203	
4,61	0,703.274	03.344	03.415	03.486	03.557	03.627	03.698	03.768	03.839	03.910	
4,62	0,703.980	04.051	04.121	04.192	04.262	04.333	04.403	04.474	04.544	04.615	
4,63	0,704.685	04.756	04.826	04.896	04.967	05.037	05.107	05.178	05.248	05.318	
4,64	0,705.388	05.459	05.529	05.599	05.669	05.740	05.810	05.880	05.950	06.020	
4,65	0,706.090	06.160	06.230	06.300	06.370	06.440	06.510	06.580	06.650	06.720	.070
4,66	0,706.790	06.860	06.930	07.000	07.070	07.140	07.210	07.279	07.349	07.419	
4,67	0,707.489	07.559	07.628	07.698	07.768	07.838	07.907	07.977	08.047	08.116	
4,68	0,708.186	08.256	08.325	08.395	08.464	08.534	08.603	08.673	08.742	08.812	
4,69	0,708.881	08.951	09.020	09.090	09.159	09.229	09.298	09.367	09.437	09.506	
4,70	0,709.575	09.645	09.714	09.783	09.852	09.922	09.991	10.060	10.129	10.198	
4,71	0,710.268	10.337	10.406	10.475	10.544	10.613	10.682	10.751	10.820	10.889	
4,72	0,710.958	11.027	11.096	11.165	11.234	11.303	11.372	11.441	11.510	11.579	069
4,73	0,711.648	11.717	11.785	11.854	11.923	11.992	12.061	12.129	12.198	12.267	
4,74	0,712.336	12.404	12.473	12.542	12.610	12.679	12.747	12.816	12.885	12.953	
4,75	0,713.022	13.090	13.159	13.227	13.296	13.364	13.433	13.501	13.570	13.638	
4,76	0,713.706	13.775	13.843	13.912	13.980	14.048	14.117	14.185	14.253	14.321	
4,77	0,714.390	14.458	14.526	14.594	14.663	14.731	14.799	14.867	14.935	15.003	
4,78	0,715.071	15.140	15.208	15.276	15.344	15.412	15.480	15.548	15.616	15.684	.068
4,79	0,715.752	15.820	15.888	15.955	16.023	16.091	16.159	16.227	16.295	16.363	
4,80	0,716.430	16.498	16.566	16.634	16.702	16.769	16.837	16.904	16.972	17.040	
4,81	0,717.108	17.175	17.243	17.311	17.378	17.446	17.513	17.581	17.649	17.716	
4,82	0,717.784	17.851	17.919	17.986	18.053	18.121	18.188	18.256	18.323	18.391	
4,83	0,718.458	18.525	18.593	18.660	18.727	18.795	18.862	18.929	18.996	19.064	
4,84	0,719.131	19.198	19.265	19.332	19.400	19.467	19.534	19.601	19.668	19.735	
4,85	0,719.802	19.869	19.936	20.003	20.070	20.137	20.204	20.271	20.338	20.405	.067
4,86	0,720.472	20.539	20.606	20.673	20.740	20.807	20.874	20.940	21.007	21.074	
4,87	0,721.141	21.208	21.274	21.341	21.408	21.475	21.541	21.608	21.675	21.741	
4,88	0,721.808	21.875	21.941	22.008	22.074	22.141	22.208	22.274	22.341	22.407	
4,89	0,722.474	22.540	22.607	22.673	22.740	22.806	22.872	22.939	23.005	23.072	
4,90	0,723.138	23.204	23.271	23.337	23.403	23.470	23.536	23.602	23.668	23.735	
4,91	0,723.801	23.867	23.933	23.999	24.066	24.132	24.198	24.264	24.330	24.396	
4,92	0,724.462	24.528	24.594	24.660	24.726	24.792	24.858	24.924	24.990	25.056	.066
4,93	0,725.122	25.188	25.254	25.320	25.386	25.452	25.518	25.584	25.649	25.715	
4,94	0,725.781	25.847	25.913	25.978	26.044	26.110	26.176	26.241	26.307	26.373	
4,95	0,726.438	26.504	26.570	26.635	26.701	26.766	26.832	26.898	26.963	27.029	
4,96	0,727.094	27.160	27.225	27.291	27.356	27.422	27.487	27.553	27.618	27.683	
4,97	0,727.749	27.814	27.879	27.945	28.010	28.075	28.141	28.206	28.271	28.337	
4,98	0,728.402	28.467	28.532	28.598	28.663	28.728	28.793	28.858	28.923	28.989	
4,99	0,729.054	29.119	29.184	29.249	29.314	29.379	29.444	29.509	29.574	29.639	.065
5,00	0,729.704										

Die Funktion $\frac{1}{\pi} \cdot \ln (\xi + \sqrt{\xi^2 - 1}) = 0{,}732.936 \cdot \log \ldots$

ξ	0	1	2	3	4	5	6	7	8	9	Diff.
5,00	0,729.704	29.769	29.834	29.899	29.964	30.029	30.094	30.159	30.223	30.288	
5,01	0,730.353	30.418	30.483	30.548	30.612	30.677	30.742	30.807	30.871	30.936	.065
5,02	0,731.001	31.066	31.130	31.195	31.260	31.324	31.389	31.453	31.518	31.583	
5,03	0,731.647	31.712	31.776	31.841	31.905	31.970	32.034	32.099	32.163	32.228	
5,04	0,732.292	32.357	32.421	32.486	32.550	32.614	32.679	32.743	32.807	32.872	
5,05	0,732.936	33.000	33.065	33.129	33.193	33.257	33.322	33.386	33.450	33.514	
5,06	0,733.578	33.643	33.707	33.771	33.835	33.899	33.963	34.027	34.091	34.155	
5,07	0,734.219	34.283	34.347	34.411	34.475	34.539	34.603	34.667	34.731	34.795	.064
5,08	0,734.859	34.923	34.987	35.051	35.115	35.179	35.242	35.306	35.370	35.434	
5,09	0,735.498	35.561	35.625	35.689	35.753	35.816	35.880	35.944	36.007	36.071	
5,10	0,736.135	36.198	36.262	36.326	36.389	36.453	36.516	36.580	36.644	36.707	
5,11	0,736.771	36.834	36.898	36.961	37.025	37.088	37.152	37.215	37.278	37.342	
5,12	0,737.405	37.469	37.532	37.595	37.659	37.722	37.785	37.849	37.912	37.975	
5,13	0,738.038	38.102	38.165	38.228	38.291	38.355	38.418	38.481	38.544	38.607	
5,14	0,738.670	38.734	38.797	38.860	38.923	38.986	39.049	39.112	39.175	39.238	
5,15	0,739.301	39.364	39.427	39.490	39.553	39.616	39.679	39.742	39.805	39.868	.063
5,16	0,739.931	39.993	40.056	40.119	40.182	40.245	40.308	40.370	40.433	40.496	
5,17	0,740.559	40.621	40.684	40.747	40.810	40.872	40.935	40.998	41.060	41.123	
5,18	0,741.186	41.248	41.311	41.373	41.436	41.499	41.561	41.624	41.686	41.749	
5,19	0,741.811	41.874	41.936	41.999	42.061	42.124	42.186	42.249	42.311	42.373	
5,20	0,742.436	42.498	42.560	42.623	42.685	42.747	42.810	42.872	42.934	42.997	
5,21	0,734.059	43.121	43.183	43.246	43.308	43.370	43.432	43.494	43.556	43.619	
5,22	0,743.681	43.743	43.805	43.867	43.929	43.991	44.053	44.115	44.177	44.239	.062
5,23	0,744.301	44.363	44.425	44.487	44.549	44.611	44.673	44.735	44.797	44.859	
5,24	0,744.921	44.983	45.045	45.106	45.168	45.230	45.292	45.354	45.416	45.477	
5,25	0,745.539	45.601	45.663	45.724	45.786	45.848	45.909	45.971	46.033	46.094	
5.26	0,746.156	46.218	46.279	46.341	46.402	46.464	46.526	46.587	46.649	46.710	
5,27	0,746.772	46.833	36.895	46.956	47.018	47.079	47.141	47.202	47.264	47.325	
5,28	0,747.386	47.448	47.509	47.571	47.632	47.693	47.755	47.816	47.877	47.939	
5,29	0,748.000	48.061	48.122	48.184	48.245	48.306	48.367	48.429	48.490	48.551	
5,30	0,748.612	48 673	48.734	48.795	48.857	48.918	48.979	49.040	49.101	49.162	
5,31	0,749.223	49.284	49.345	49.406	49.467	49.528	49.589	49.650	49.711	49.772	.061
5,32	0,749.833	49.894	49.955	50.015	50.076	50.137	50.198	50.259	50.320	50.381	
5,33	0,750.441	50.502	50.563	50.624	50.684	50.745	50.806	50.867	50.927	50.988	
5,34	0,751.049	51.109	51.170	51.231	51.291	51.352	51.413	51.473	51.534	51.594	
5,35	0,751.655	51.716	51.776	51.837	51.897	51.958	52.018	52.079	52.139	52.200	
5,36	0,752.260	52.321	52.381	52.441	52.502	52.562	52.623	52.683	52.743	52.804	
5,37	0,752.864	52.924	52.985	53.045	53.105	53.166	53.226	53.286	53.346	53.407	
5,38	0,753.467	53.527	53.587	53.647	53.708	53.768	53.828	53.888	53.948	54.008	
5,39	0,754.068	54.128	54.188	54.249	54.309	54.369	54.429	54.489	54.549	54.609	
5,40	0,754.669	54.729	54.789	54.849	54.909	54.968	55.028	55.088	55.148	55.208	.060
5,41	0,755 268	55.328	55.388	55.448	55.507	55.567	55.627	55.687	55.747	55.806	
5,42	0,755.866	55.926	55.986	56.045	56.105	56.165	56.224	56.284	56.344	56.403	
5,43	0,756.463	56.523	56.582	56.642	56.702	56.761	56 821	56.880	56.940	56.999	
5,44	0,757.059	57.118	57.178	57.237	57.297	57.356	57.416	57.475	57.535	57.594	
5,45	0,757.654	57.713	57.772	57.832	57.891	57.951	58.010	58.069	58.129	58.188	
5,46	0,758.247	58.306	58.366	58.425	58.484	58.544	58.603	58.662	58.721	58.780	
5,47	0,758.840	58.899	58.958	59.017	59.076	59.135	59.195	59.254	59.313	59.372	
5,48	0,759.431	59.490	59.549	59.608	59.667	59.726	59.785	59.844	59.903	59.962	.059
5,49	0,760.021	60.080	60.139	60.198	60.257	60.316	60.375	60.434	60.493	60.551	
5,50	0,760.610										

Die Funktion $\frac{1}{\pi} \cdot \ln\,(\xi + \sqrt{\xi^2 - 1}) = 0{,}732.936 \cdot \log \ldots$

ξ	0	1	2	3	4	5	6	7	8	9	Diff.
5,50	0,760.610	60.669	60.728	60.787	60.846	60.904	60.963	61.022	61.081	61.140	
5,51	0,761.198	61.257	61.316	61.374	61.433	61.492	61.551	61.609	61.668	61.727	.059
5,52	0,761.785	61.844	61.902	61.961	62.020	62.078	62.137	62.195	62.254	62.312	
5,53	0,762.371	62.430	62.488	62.547	62.605	62.664	62.722	62.780	62.839	62.897	
5,54	0,762.956	63.014	63.073	63.131	63.189	63.248	63.306	63.364	63.423	63.481	
5,55	0,763.539	63.598	63.656	63.714	63.772	63.831	63.889	63.947	64.005	64.064	
5,56	0,764.122	64.180	64.238	64.296	64.355	64.413	64.471	64.529	64.588	64.646	
5,57	0,764.704	64.762	64.820	64.878	64.936	64.994	65.052	65.110	65.168	65.226	.058
5,58	0,765.284	65.342	65.400	65.458	65.516	65.573	65.631	65.689	65.747	65.805	
5,59	0,765.863	65.921	65.979	66.037	66.094	66.152	66.210	66.268	66.326	66.383	
5,60	0,766.441	66.499	66.557	66.614	66.672	66.730	66.788	66.845	66.903	66.961	
5,61	0,767.018	67.076	67.134	67.191	67.249	67.307	67.364	67.422	67.479	67.537	
5,62	0,767.594	67.652	67.710	67.767	67.825	67.882	67.940	67.997	68.055	68.112	
5,63	0,768.170	68.227	68.284	68.342	68.399	68.457	68.514	68.571	68.629	68.686	
5,64	0,768.743	68.801	68.858	68.915	68.973	69.030	69.087	69.145	69.202	69.259	
5,65	0,769.316	69.374	69.431	69.488	69.545	69.603	69.660	69.717	69.774	69.831	
5,66	0,769.888	69.945	70.003	70.060	70.117	70.174	70.231	70.288	70.345	70.402	
5,67	0,770.459	70.516	70.573	70.630	70.687	70.744	70.801	70.858	70.915	70.972	.057
5,68	0,771.029	71.086	71.143	71.200	71.257	71.314	71.370	71.427	71.484	71.541	
5,69	0,771.598	71.655	71.711	71.768	71.825	71.882	71.939	71.995	72.052	72.109	
5,70	0,772.166	72.222	72.279	72.336	72.392	72.449	72.506	72.562	72.619	72.676	
5,71	0,772.732	72.789	72.846	72.902	72.959	73.015	73.072	73.128	73.185	73.241	
5,72	0,773.298	73.355	73.411	73.468	73.524	73.580	73.637	73.693	73.750	73.806	
5,73	0,773.863	73.919	73.976	74.032	74.088	74.145	74.201	74.257	74.314	74.370	
5,74	0,774.426	74.483	74.539	74.595	74.652	74.708	74.764	74.820	74.877	74.933	
5,75	0,774.989	75.045	75.101	75.158	75.214	75.270	75.326	75.382	75.438	75.495	
5,76	0,775.551	75.607	75.663	75.719	75.775	75.831	75.887	75.943	75.999	76.055	
5,77	0,776.111	76.167	76.223	76.279	76.335	76.391	76.447	76.503	76.559	76.615	.056
5,78	0,776.671	76.727	76.783	76.839	76.894	76.950	77.006	77.062	77.118	77.174	
5,79	0,777.230	77.285	77.341	77.397	77.453	77.508	77.564	77.620	77.676	77.731	
5,80	0,777.787	77.843	77.899	77.954	78.010	78.066	78.121	78.177	78.233	78.288	
5,81	0,778.344	78.400	78.455	78.511	78.566	78.622	78.677	78.733	78.789	78.844	
5,82	0,778.900	78.955	79.011	79.066	79.122	79.177	79.233	79.288	79.343	79.399	
5,83	0,779.454	79.510	79.565	79.620	79.676	79.731	79.787	79 842	79.897	79.953	
5,84	0,780.008	80.063	80.119	80.174	80.229	80.284	80.340	80.395	80.450	80.505	
5,85	0,780.561	80.616	80.671	80.726	80.781	80.837	80.892	80.947	81.002	81.057	
5,86	0,781.112	81.168	81.223	81.278	81.333	81.388	81.443	81.498	81.553	81.608	
5,87	0,781.663	81.718	81.773	81.828	81.883	81.938	81.993	82.048	82.103	82.158	.055
5,88	0,782.213	82.268	82.323	82.378	82.433	82.488	82.543	82.597	82.652	82.707	
5,89	0,782.762	82.817	82.872	82.926	82.981	83.036	83.091	83.146	83.200	83.255	
5,90	0,783.310	83.365	83.419	83.474	83.529	83.583	83.638	83.693	83.747	83.802	
5,91	0,783.857	83.911	83.966	84.021	84.075	84.130	84.185	84.239	84.294	84.348	
5,92	0,784.403	84.457	84.512	84.566	84.621	84.675	84.730	84.784	84.830	84.893	
5,93	0,784.948	85.002	85.057	85.111	85.166	85.220	85.274	85.329	85.383	85.438	
5,94	0,785.492	85.546	85.601	85.655	85.709	85.764	85 818	85.872	85.927	85.981	
5,95	0,786.035	86.089	86.144	86.198	86.252	86.306	86.361	86.415	86.469	86.523	
5,96	0,786.577	86.631	86.686	86.740	86.794	86.848	86.902	86.956	87.010	87.065	
5,97	0,787.119	87.173	87.227	87.281	87.335	87.389	87.443	87.497	87.551	87.605	.054
5,98	0,787.659	87.713	87.767	87.821	87.875	87.929	87.983	88.037	88.091	88.145	
5,99	0,788.198	88.252	88.306	88.360	88.414	88.468	88.522	88.575	88.629	88.683	
6,00	0,788.737										

Die Funktion $\frac{1}{\pi} \cdot \ln\,(\xi + \sqrt{\xi^2 - 1}) = 0{,}732.936 \cdot \log \ldots$

ξ	0	1	2	3	4	5	6	7	8	9	Diff.
6,00	0,788.737	88.791	88.845	88.898	88.952	89.006	89.060	89.113	89.167	89.221	
6,01	0,789.274	89.328	89.382	89.436	89.489	89.543	89.597	89.650	89.704	89.757	.054
6,02	0,789.811	89.865	89.918	89.972	90.026	90.079	90.133	90.186	90.240	90.293	
6,03	0,790.347	90.400	90.454	90.507	90.561	90.614	90.668	90.721	90.775	90.828	
6,04	0,790.882	90.935	90.989	91.042	91.095	91.149	91.202	91.256	91.309	91.362	
6,05	0,791.416	91.469	91.522	91.576	91.629	91.682	91.736	91.789	91.842	91.895	
6,06	0,791.949	92.002	92.055	92.108	92.162	92.215	92.268	92.321	92.374	92.428	
6,07	0,792.481	92.534	92.587	92.640	93.693	92.747	92.800	92.853	92.906	92.959	
6,08	0,793.012	93.065	93.118	93.171	93.224	93.277	93.330	93.383	93.436	93.489	
6,09	0,793.542	93.595	93.648	93.701	93.754	93.807	93.860	93.913	93.966	94.019	.053
6,10	0,794.072	94.125	94.178	94.230	94.283	94.336	94.389	94.442	94.495	94.547	
6,11	0,794.600	94.653	94.706	94.759	94.811	94.864	94.917	94.970	95.022	95.075	
6,12	0,795.128	95.181	95.233	95.286	95.339	95.391	95.444	95.479	95.549	95.602	
6,13	0,795.655	95.707	95.760	95.813	95.865	95.918	95.970	96.023	96.075	96.128	
6,14	0,796.181	96.233	96.286	96.338	96.391	96.443	96.496	96.548	96.601	96.653	
6,15	0,796.706	96.758	96.810	96.863	96.915	96.968	97.020	97.073	97.125	97.177	
6,16	0,797.230	97.282	97.334	97.387	97.439	97.491	97.544	97.596	97.648	97.701	
6,17	0,797.753	97.805	97.857	97.910	97.962	98.014	98.066	98.119	98.171	98.223	
6,18	0,798.275	98.327	98.380	98.432	98.484	98.536	98.588	98.640	98.693	98.745	
6,19	0,798.797	98.849	98.901	98.953	99.005	99.057	99.109	99.161	99.213	99.265	.052
6,20	0,799.318	99.370	99.422	99.474	99.526	99.578	99.629	99.681	99.733	99.785	
6,21	0,799.837	99.889	99.941	99.993	$\overline{00}$.045	$\overline{00}$.097	$\overline{00}$.149	$\overline{00}$.201	$\overline{00}$.253	$\overline{00}$.304	
6,22	0,800.356	00.408	00.460	00.512	00.564	00.615	00.667	00.719	00.771	00.822	
6,23	0,800.874	00.926	00.978	01.030	01.081	01.133	01.185	01.236	01.288	01.340	
6,24	0,801.391	01.443	01 495	01.546	01.598	01.650	01.701	01.753	01.805	01.856	
6,25	0,801.908	01.959	02.011	02 063	02.114	02.166	02.217	02.269	02.320	02.372	
6,26	0,802.423	02.475	02.526	02.578	02.629	02.681	02.732	02.784	02.835	02.887	
6,27	0,802.938	02.989	03.041	03.092	03.144	03.195	03.246	03.298	03.349	03.401	
6,28	0,803.452	03.503	03.555	03.606	03.657	03.708	03.760	03.811	03.862	03.914	
6,29	0,803.965	04.016	04.067	04.119	04.170	04.221	04.272	04.323	04.375	04.426	
6,30	0,804.477	04.528	04.579	04.630	04.682	04.733	04.784	04.835	04.886	04.937	
6,31	0,804.988	05.039	05.090	05.142	05.193	05.244	05.295	05.346	05.397	05.448	
6,32	0,805.499	05.550	05 601	05.652	05.703	05.754	05.805	05.856	05 907	05.958	.051
6,33	0,806.008	06.059	06.110	06.161	06.212	06.263	06.314	06.365	06.416	06.466	
6,34	0,806.517	06.568	06.619	06.670	06.721	16.771	06.822	06.873	06.924	06.975	
6,35	0,807.025	07.076	07.127	07.178	07.228	07.279	07.330	07.380	07.431	07.482	
6,36	0,807.533	07.583	07.634	07.685	07.735	07.786	07.836	07.887	07.938	07.988	
6,37	0,808.039	08.090	08.140	08.191	08.241	08.292	08.342	08.393	08.443	08.494	
6,38	0,808.545	08.595	08.646	08.696	08.747	08.797	08.847	08.898	08.948	08.999	
6,39	0,809.049	09.100	09.150	09.201	09.251	09.301	09.352	09.402	09.452	09.503	
6,40	0,809.553	09.604	09.654	09.704	09.755	09.805	09.855	09.905	09.956	10.006	
6,41	0,810.056	10.107	10.157	10.207	10.257	10.308	10.358	10.408	10.458	10.508	
6,42	0,810.559	10.609	10.659	10.709	10.759	10.810	10.860	10.910	10.960	11.010	
6,43	0,811.060	11.110	11.160	11.211	11.261	11.311	11.361	11.411	11.461	11.511	
6,44	0,811.561	11.611	11.661	11.711	11.761	11.811	11.861	11.911	11.961	12.011	.050
6,45	0,812.061	12.111	12.161	12.211	12.261	12.311	12.360	12.410	12.460	12.510	
6,46	0,812.560	12.610	12.660	12.710	12.759	12.809	12.859	12.909	12.959	13.009	
6,47	0,813.058	13.108	13.158	13.208	13.258	13.307	13.357	13.407	13.457	13.506	
6,48	0,813.556	13.606	13.655	13.705	13.755	13.804	13.854	13.904	13.953	14.003	
6,49	0,814.053	14.102	14.152	14.202	14 251	14.301	14.350	14.400	14.450	14.499	
6,50	0,814.549										

Die Funktion $\frac{1}{\pi} \cdot \ln (\xi + \sqrt{\xi^2 - 1}) = 0{,}732.936 \cdot \log \ldots$

ξ	0	1	2	3	4	5	6	7	8	9	Diff.
6,50	0,814.549	14.598	14.648	14.697	14.747	14.796	14.846	14.895	14.945	14.994	
6,51	0,815.044	15.093	15.143	15.192	15.242	15.291	15.341	15.390	15.440	15.489	.050
6,52	0,815.538	15.588	15.637	15.687	15.736	15.785	15.835	15.884	15.933	15.983	
6,53	0,816.032	16.081	16.131	16.180	16.229	16.279	16.328	16.377	16.426	16.476	
6,54	0,816.525	16.574	16.623	16.673	16.722	16.771	16.820	16.870	16.919	16.968	
6,55	0,817.017	17.066	17.115	17.165	17.214	17.263	17.312	17.361	17.410	17.459	
6,56	0,817.508	17.558	17.607	17.656	17.705	17.574	17.803	17.852	17.901	17.950	
6,57	0,817.999	18.048	18.097	18.146	18.195	18.244	18.293	18.342	18.391	18.440	.049
6,58	0,818.489	18.538	18.587	18.636	18.685	18.733	18.782	18.831	18.880	18.929	
6,59	0,818.978	19.027	19.076	19.124	19.173	19.222	19.271	19.320	19.369	19.417	
6,60	0,819.466	19.515	19.564	19.613	19.661	19.710	19.759	19.808	19.856	19.905	
6,61	0,819.954	20.002	20.051	20.100	20.149	20.197	20.246	20.295	20.343	20.392	
6,62	0,820.441	20.489	20.538	20.586	20.635	20.684	20.732	20.781	20.829	20.878	
6,63	0,820.927	20.975	21.024	21.072	21.121	21.169	21.218	21.266	21.315	21.363	
6,64	0,821.412	21.460	21.509	21.557	21.606	21.654	21.703	21.751	21.800	21.848	
6,65	0,821.896	21.945	21.993	22.042	22.090	22.138	22.187	22.235	22.283	22.332	
6,66	0,822.380	22.428	22.477	22.525	22.573	22,622	22.670	22.718	22.767	22.815	
6,67	0,822.863	22.911	22.960	23.008	23.056	23.104	23.153	23.201	23.249	23.297	
6,68	0,823.346	23.394	23.442	23.490	23.538	23.586	23.635	23.683	23.731	23.779	
6,69	0,823.827	23.875	23.923	23.971	24.020	24.068	24.116	24.164	24.212	24.260	
6,70	0,824.308	24.356	24.404	24.452	24.500	24.548	24.596	24.644	24.692	24.740	
6,71	0,824.788	24.836	24.884	24.932	24.980	25.028	25.076	25.124	25.172	25.220	.048
6,72	0,825.267	25.315	25.363	25.411	25.459	25.507	25.555	25.603	25.650	25.698	
6,73	0,825.746	25.794	25.842	25.890	25.937	25.985	26.033	26.081	26.128	26.176	
6,74	0,826.224	26.272	26.319	26.367	26.415	26.463	26.510	26.558	26.606	26.653	
6,75	0,826.701	26.749	26.797	26.844	26.892	26.939	26.987	27.035	27.082	27.130	
6,76	0,827.178	27.225	27.273	27.320	27.368	27.416	27.463	27.511	27.558	27.606	
6,77	0,827.653	27.701	27.748	27.796	27.843	27.891	27.938	27.986	28.033	28.081	
6,78	0,828.128	28.176	28.223	28.271	28.318	28.366	28.413	28.461	28.508	28.555	
6,79	0,828.603	28.650	28.698	28.745	28.792	28.840	28.887	28.934	28.982	29.029	
6,80	0,829.076	29.124	29.171	29.218	29.266	29.313	29.360	79.407	29.455	29.502	
6,81	0,829.549	29.597	29.644	29.691	29.738	29.785	29.833	29.880	29.927	29.974	
6,82	0,830.021	30.069	30.116	30.163	30.210	30.257	30.304	30.352	30.399	30.446	
6,83	0,830.493	30.540	30.587	30.634	30.681	30.728	30.775	30.823	30.870	30.917	
6,84	0,830.964	31.011	31.058	31.105	31.152	31.199	31.246	31.293	31.340	31.387	.047
6,85	0,831.434	31.481	31.528	31.575	31.622	31.669	31.716	31.762	31.809	31.856	
6,86	0,831.903	31.950	31.997	32.044	32.091	32.138	32.184	32.231	32.278	32.325	
6,87	0,832.372	32.419	32.465	32.512	32.559	32.606	32.653	32.699	32.746	32 793	
6,88	0,832.840	32.887	32.933	32.980	33.027	33.073	33.120	33.167	33.214	33.260	
6,89	0,833.307	33.354	33.400	33.447	33.494	33.540	33.587	33.634	33.680	33.727	
6,90	0,833.774	33.820	33.867	33.913	33.960	34.007	34.053	34.100	34.146	34.193	
6,91	0,834.240	34.286	34.333	34.379	34.426	34.472	34.519	34.565	34.612	34.658	
6.92	0,834.705	34.751	34.798	34.844	34.891	34.937	34.984	35.030	35.076	35.123	
6,93	0,835.169	35.216	35.262	35.309	35.355	35.401	35.448	35.494	35.540	35.587	
6,94	0,835.633	35.680	35.726	35.772	35.819	35.865	35.911	35.957	36.004	36.050	
6.95	0,836.096	36.143	36.189	36.235	36.281	36.328	36.374	36.420	36.466	36.513	
6,96	0,836.559	36.605	36.651	36.697	36.744	36.790	36.836	36.882	36.928	36.974	
6,97	0,837.021	37.067	37.113	37.159	37.205	37.251	37.297	37.343	37.389	37.436	
6,98	0,837.482	37.528	37.574	37.620	37.666	37.712	37.758	37.804	37.850	37.896	
6,99	0,837.942	37.988	38.034	38.080	38 126	38.172	38.218	38.264	38.310	38.356	.046
7,00	0,838.402										

Die Funktion $\frac{1}{\pi} \cdot \ln (\xi + \sqrt{\xi^2 - 1}) = 0{,}732.936 \cdot \log \ldots$

ξ	0	1	2	3	4	5	6	7	8	9	Diff.
7,00	0,838.402	38.448	38.494	38.540	38.586	38.632	38.677	38.723	38.769	38.815	
7,01	0,838.861	38.907	38.953	38.999	39.044	39.090	39.136	39.182	39.228	39.274	.046
7,02	0,839.319	39.365	39.411	39.457	39.503	39.548	39.594	39.640	39.686	39.731	
7,03	0,839.777	39.823	39.869	39.914	39.960	40.006	40.052	40.097	40.143	40.189	
7,04	0,840.234	40.280	40.326	40.371	40.417	40.463	40.508	40.554	40.600	40.645	
7,05	0,840.691	40.736	40.782	40.828	40.873	40.919	40.964	41.010	41.055	41.101	
7,06	0,841,147	41.192	41.238	41.283	41.329	41.374	41.420	41.465	41.511	41.556	
7,07	0,841.602	41.647	41.693	41.738	41.784	41.829	41.874	41.920	41.965	42.011	
7,08	0,842.056	42.102	42.147	42.192	42.238	42.283	42.328	42.374	42.419	42.465	
7,09	0,842.510	42.555	42.601	42.646	42.691	42.737	42.782	42.827	42.873	42.918	
7,10	0,842.963	43.008	43.054	43.099	43.144	43.189	43.235	43.280	43.325	43.370	
7,11	0,843.416	43.461	43.506	43.551	43.596	43.642	43.687	43.732	43.777	43.822	
7,12	0,843.868	43.913	43.958	44.003	44.048	44.093	44.138	44.183	44.229	44.274	
7,13	0,844.319	44.364	44.409	44.454	44.499	44.544	44.589	44.634	44.679	44.724	
7,14	0,844.769	44.814	44.859	44.904	44.949	44.994	45.039	45.084	45.129	45.174	.045
7,15	0,845.219	45.264	45.309	45.354	45.399	45.444	45.489	45.534	45.579	45.624	
7,16	0,845.669	45.713	45.758	45.803	45.848	45.893	45.938	45.983	46.027	46.072	
7,17	0,846.117	46.162	46.207	46.252	46.296	46.341	46.386	46.431	46.476	46.520	
7,18	0,846.565	46.610	46.655	46.699	46.744	46.789	46.834	46.878	46.923	46.968	
7,19	0,847.013	47.057	47.102	47.147	46.191	47.236	47.281	47.325	47.370	47.415	
7,20	0,847.459	47.504	47.549	47.593	47.638	47.682	47.727	47.772	47.816	47.861	
7,21	0,847.905	47.950	47.995	48.039	48.084	48.128	48.173	48.217	48.262	48.306	
7,22	0,848.351	48.395	48.440	48.484	48.529	48.573	48.618	48.662	48.707	48.751	
7,23	0,848.796	48.840	48.885	48.929	48.974	49.018	49.062	49.107	49.151	49.196	
7,24	0,849.240	49.284	49.329	49.373	49.417	49.462	49.506	49.551	49.595	49.639	
7,25	0,849.684	49.728	49.772	49.817	49.861	49.905	49.949	49.994	50.038	50.082	
7,26	0,850.127	50.171	50.215	50.259	50.304	50.348	50.392	50.436	50.480	50.525	
7,27	0,850.569	50.613	50.657	50.701	50.746	50.790	50.834	50.878	50.922	50.966	
7,28	0,851.011	51.055	51.099	51.143	51.187	51.231	51.275	51.319	51.364	51.408	
7,29	0,851.452	51.496	51.540	51.584	51.628	51.672	51.716	51.760	51.804	51.848	
7,30	0,851.892	51.936	51.980	52.024	52.068	52.112	52.156	52.200	52.244	52.288	.044
7,31	0,852.332	52.376	52.420	52.464	52.508	52.552	52.596	52.640	52.684	52.727	
7,32	0,852.771	52.815	52.859	52.903	52.947	52.991	53.035	53.079	53.122	53.166	
7,33	0,853.210	53.254	53.298	53.342	53.385	53.429	53.473	53.517	53.561	53.604	
7,34	0,853.648	53.692	53.736	53.779	53.823	53.867	53.911	53.954	53.998	54.042	
7,35	0,854.086	54.129	54.173	54.217	54.260	54.304	54.348	54.391	54.435	54.479	
7,36	0,854.522	54.566	54.610	54.653	54.697	54.741	54.784	54.828	54.871	54.915	
7,37	0,854.959	55.002	55.046	55.089	55.133	55.176	55.220	55.264	55.307	55.351	
7,38	0,855.394	55.438	55.481	55.525	55.568	55.612	55.655	55.699	55.742	55.786	
7,39	0,855.829	55.873	55.916	55.960	56.003	56.047	56.090	56.133	56.177	56.220	
7,40	0,856.264	56.307	56.350	56.394	56.437	56.481	56.524	56.567	56.611	56.654	
7,41	0,856.698	56.741	56.784	56.828	56.871	56.914	56.958	57.001	57.044	57.087	
7,42	0,857.131	57.174	57.217	57.261	57.304	57.347	57.390	57.434	57.477	57.520	
7,43	0,857.563	57.607	57.650	57.693	57.736	57.780	57.823	57.866	57.909	57.952	
7,44	0,857.995	58.039	58.082	58.125	58.168	58.211	58.254	58.298	58.341	58.384	
7,45	0,858.427	58.470	58.513	58.556	58.599	58.642	58.685	58.729	58.772	58.815	
7,46	0,858.858	58.901	58.944	58.987	59.030	59.073	59.116	59.159	59.202	59.245	.043
7,47	0,859.288	59.331	59.374	59.417	59.460	59.503	59.546	59.589	59.632	59.675	
7,48	0,859.718	59.761	59.804	59.847	59.889	59.932	59.975	60.018	60.061	60.104	
7,49	0,860.147	60.190	60.233	60.275	60.318	60.361	60.404	60.447	60.490	60.533	
7,50	0,860.575										

Die Funktion $\frac{1}{\pi} \cdot \ln (\xi + \sqrt{\xi^2 - 1}) = 0{,}732.936 \cdot \log \ldots$

ξ	0	1	2	3	4	5	6	7	8	9	Diff.
7,50	0,860.575	60.618	60.661	60.704	60.747	60.789	60.832	60.875	60.918	60.961	
7,51	0,861.003	61.046	61.089	61.132	61.174	61.217	61.260	61.303	61.345	61.388	.043
7,52	0,861.431	61.473	61.516	61.559	61.601	61.644	61.687	61.729	61.772	61.815	
7,53	0,861.857	61.900	61.943	61.985	62.028	62.071	62.113	62.156	62.198	62.241	
7,54	0,862.284	62.326	62.369	62.411	62.454	62.497	62.539	62.582	62.624	62.667	
7,55	0,862.709	62.752	62.794	62.837	62.879	62.922	62.964	63.007	63.049	63.092	
7,56	0,863.134	63.177	63.219	63.262	63.304	63.347	63.389	63.432	63.474	63.516	
7,57	0,863.559	63.601	63.644	63.686	63.729	63.771	63.813	63.856	63.898	63.940	
7,58	0,863.983	64.025	64.068	64.110	64.152	64.195	64.237	64.279	64.322	64.364	
7,59	0,864.406	64.448	64.491	64.533	64.575	64.618	64.660	64.702	64.744	64.787	
7,60	0,864.829	64.871	64.913	64.956	64.998	65.040	65.082	65.125	65.167	65.209	
7,61	0,865.251	65.293	65.336	65.378	65.420	65.462	65.504	65.546	65.589	65.631	
7,62	0,865.673	65.715	65.757	65.799	65.841	65.883	65.926	65.968	66.010	66.052	
7,63	0,866.094	66.136	66.178	66.220	66.262	66.304	66.346	66.388	66.430	66.472	
7,64	0,866.514	66.556	66.598	66.640	66.682	66.724	66.766	66.808	66.850	66.892	.042
7,65	0,866.934	66.976	67.018	67.060	67.102	67.144	67.186	67.228	67.270	67.312	
7,66	0,867.354	67.396	67.438	67.480	67.521	67.563	67.605	67.647	67.689	67.731	
7,67	0,867.773	67.815	67.856	67.898	67.940	67.982	68.024	68.066	68.107	68.149	
7,68	0,868.191	68.233	68.275	68.316	68.358	68.400	68.442	68.483	68.525	68.567	
7,69	0,868.609	68.650	68.692	68.734	68.776	68.817	68.859	68.901	68.943	68.984	
7,70	0,869.026	69.068	69.109	69.151	69.193	69.234	69.276	69.318	69.359	69.401	
7,71	0,869.443	69.484	69.526	69.567	69.609	69.651	69.692	69.734	69.775	69.817	
7,72	0,869.859	69.900	69.942	69.983	70.025	70.066	70.108	70.150	70.191	70.233	
7,73	0,870.274	70.316	70.357	70.399	70.440	70.482	70.523	70.565	70.606	70.648	
7,74	0,870.689	70.731	70.772	70.814	70.855	70.897	70.938	70.979	71.021	71.062	
7,75	0,871.104	71.145	71.187	71.228	71.269	71.311	71.352	71.394	71.435	71.476	
7,76	0,871.518	71.559	71.600	71.642	71.683	71.724	71.766	71.807	71.848	71.890	
7,77	0,871.931	71.972	72.014	72.055	72.096	72.138	72.179	72.220	72.261	72.303	
7,78	0,872.344	72.385	72.426	72.468	72.509	72.550	72.591	72.633	72.674	72.715	
7,79	0,872.756	72.797	72.839	72.880	72.921	72.962	73.003	73.044	73.086	73.127	
7,80	0,873.168	73.209	73.250	73.291	73.332	73.374	73.415	73.456	73.497	73.538	
7,81	0,873.579	73.620	73.661	73.702	73.743	73.784	73.826	73.867	73.908	73.949	
7,82	0,873.990	74.031	74.072	74.113	74.154	74.195	74.236	74.277	74.318	74.359	
7,83	0,874.400	74.441	74.482	74.523	74.564	74.605	74.646	74.687	64.728	74.769	.041
7,84	0,874.810	74.850	74.891	74.932	74.973	75.014	75.055	75.096	75.137	75.178	
7,85	0,875.219	75.259	75.300	75.341	75.382	75.423	75.464	75.505	75.545	75.586	
7,86	0,875.627	75.668	75.709	75.750	75.790	75.831	75.872	75.913	75.954	75.994	
7,87	0,876.035	76.076	76.117	76.158	76.198	76.239	76.280	76.321	76.361	76.402	
7,88	0,876.443	76.483	76.524	76.565	76.606	76.646	76.687	76.728	76.768	76.809	
7,89	0,876.850	76.890	76.931	76.972	77.012	77.053	77.094	77.134	77.175	77.215	
7,00	0,877.256	77.297	77.337	77.378	77.419	77.459	77.500	77.540	77.581	77.621	
7,01	0,877.662	77.703	77.743	77.784	77.824	77.865	77.905	77.946	77.986	78.027	
7,92	0,878.067	78.108	78.148	78.189	78.229	78.270	78.310	78.351	78.391	78.432	
7,93	0,878.472	78.513	78.553	78.594	78.634	78.675	78.715	78.755	78.796	78.836	
7,94	0,878.877	78.917	78.958	78.998	79.038	79.079	79.119	79.159	79.200	79.240	
7,95	0,879.281	79.321	79.361	79.402	79.442	79.482	79.523	79.563	79.603	79.644	
7,90	0,879.684	79.724	79.765	79.805	79.845	89.885	79.926	79.966	80.006	80.046	
7,97	0,880.087	80.127	80.167	80.207	80.248	80.288	80.328	80.368	80.409	80.449	
7,98	0,880.489	80.529	80.569	80.610	80.650	80.690	80.730	80.770	80.811	80.851	.040
7,99	0,880.891	80.931	80.971	81.011	81.051	81.092	81.132	81.172	81.212	81.252	
8,00	0,881.292										

Die Funktion $\frac{1}{\pi} \cdot \ln(\xi + \sqrt{\xi^2 - 1}) = 0{,}732.936 \cdot \log \ldots$

ξ	0	1	2	3	4	5	6	7	8	9	Diff.
8,00	0,881.292	81.332	81.372	81.412	81.453	81.493	81.533	81.573	81.613	81.653	
8,01	0,881.693	81.733	81.773	81.813	81.853	81.893	81.933	81.973	82.013	82.053	
8,02	0,882.093	82.133	82.173	82.213	82.253	82.293	82.333	82.373	82.413	82.453	.040
8,03	0,882.493	82.533	82.573	82.613	82.653	82.693	82.733	82.772	82.812	82.852	
8,04	0,882.892	82.932	82.972	83.012	83.052	83.092	83.131	83.171	83.211	83.251	
8,05	0,883.291	83.331	83.371	83.410	83.450	83.490	83.530	83.570	83.610	83.649	
8,06	0,883.689	83.729	83.769	83.809	83.848	83.888	83.928	83.968	84.007	84.047	
8,07	0,884.087	84.127	84.166	84.206	84.246	84.286	84.325	84.365	84.405	84.445	
8,08	0,884.484	84.524	84.564	84.603	84.643	84.683	84.722	84.762	84.802	84.841	
8,09	0,884.881	84.921	84.960	85.000	85.040	85.079	85.119	85.158	85.198	85.238	
8,10	0,885.277	85.317	85.356	85.396	85.436	85.475	85.515	85.554	85.594	85.633	
8,11	0,885.673	85.713	85.752	85.792	85.831	85.871	85.910	85.950	85.989	86.029	
8,12	0,886.068	86.108	86.147	86.187	86.226	86.266	86.305	86.345	86.384	86.424	
8,13	0,886.463	86.502	86.542	86.581	86.621	86.660	86.700	86.739	86.778	86.818	
8,14	0,886.857	86.897	86.936	86.975	87.015	87.054	87.094	87.133	87.172	87.212	
8,15	0,887.251	87.290	87.330	87.369	87.408	87.448	87.487	87.526	87.566	87.605	
8,16	0,887.644	87.684	87.723	87.762	87.802	87.841	87.880	87.919	87.959	87.998	
8,17	0,888.037	88.076	88.116	88.155	88.194	88.233	88.273	88.312	88.351	88.390	
8,18	0,888.429	88.469	88.508	88.547	88.586	88.625	88.665	88.704	88.743	88.782	
8,19	0,888.821	88.860	88.900	88.939	88.978	89.017	89.056	89.095	89.134	89.174	
8,20	0,889.213	89.252	89.291	89.330	89.369	89.408	89.447	89.486	89.525	89.564	
8,21	0,889.604	89.643	89.682	89.721	89.760	89.799	89.838	89.877	89.916	89.955	
8,22	0,889.994	90.033	90.072	90.111	90.150	90.189	90.228	90.267	90.306	90.345	.039
8,23	0,890.384	90.423	90.462	90.501	90.540	90.579	90.617	90.656	90.695	90.734	
8,24	0,890.773	90.812	90.851	90.890	90.929	90.968	91.007	91.045	91.084	91.123	
8,25	0,891.162	91.201	91.240	91.279	91.318	91.356	91.395	91.434	91.473	91.512	
8,26	0,891.551	91.589	91.628	91.667	91.706	91.745	91.783	91.822	91.861	91.900	
8,27	0,891.939	91.977	92.016	92.055	92.094	92.132	92.171	92.210	92.249	92.287	
8,28	0,892.326	92.365	92.404	92.442	92.481	92.520	92.558	92.597	92.636	92.674	
8,29	0,892.713	92.752	92.790	92.829	92.868	92.906	92.945	92.984	93.022	93.061	
8,30	0,893.100	93.138	93.177	93.216	93.254	93.293	93.331	93.370	93.409	93.447	
8,31	0,893.486	93.524	93.563	93.601	93.640	93.679	93.717	93.756	93.794	93.833	
8,32	0,893.871	93.910	93.948	93.987	94.025	94.064	94.102	94.141	94.179	94.218	
8,33	0,894.256	94.295	94.333	94.372	94.410	94.449	94.487	94.526	94.564	94.603	
8,34	0,894.641	94.680	94.718	94.756	94.795	94.833	94.872	94.910	94.949	94.987	
8,35	0,895.025	95.064	95.102	95.141	95.179	95.217	95.256	95.294	95.332	95.371	
8,36	0,895.409	95.447	95.486	95.524	95.562	95.601	95.639	95.677	95.716	95.754	
8,37	0,895.792	95.831	95.869	95.907	95.946	95.984	96.022	96.060	96.099	96.137	
8,38	0,896.175	96.213	96.252	96.290	96.328	96.366	96.405	96.443	96.481	96.519	
8,39	0,896.558	96.596	96.634	96.672	96.710	96.749	96.787	96.825	96.863	96.901	
8,40	0,896.939	96.978	97.016	97.054	97.092	97.130	97.168	97.206	97.245	97.283	
8,41	0,897.321	97.359	97.397	97.435	97.473	97.511	97.550	97.588	97.626	97.664	
8,42	0,897.702	97.740	97.778	97.816	97.854	97.892	97.930	97.968	98.006	98.044	
8,43	0,898.082	98.120	98.158	98.196	98.234	98.272	98.310	98.348	98.386	98.424	.038
8,44	0,898.462	98.500	98.538	98.576	98.614	98.652	98.690	98.728	98.766	98.804	
8,45	0,898.842	98.880	98.918	98.956	98.994	99.032	99.069	99.107	99.145	99.183	
8,46	0,899.221	99.259	99.297	99.335	99.373	99.410	99.448	99.486	99.524	99.562	
8,47	0,899.600	99.638	99.675	99.713	99.751	99.789	99.827	99.865	99.902	99.940	
8,48	0,899.978	$\overline{00}$.016	$\overline{00}$.054	$\overline{00}$.091	$\overline{00}$.129	$\overline{00}$.167	$\overline{00}$.205	$\overline{00}$.243	$\overline{00}$.280	$\overline{00}$.318	
8,49	0,900.356	00.394	00.431	00.469	00.507	00.545	00.582	00.620	00.658	00.695	
8,50	0,900,733										

Die Funktion $\frac{1}{\pi} \cdot \ln(\xi + \sqrt{\xi^2 - 1}) = 0{,}732.936 \cdot \log \ldots$

ξ	0	1	2	3	4	5	6	7	8	9	Diff.
8,50	0,900.733	00.771	00.809	00.846	00.884	00.922	00.959	00.997	01.035	01.072	
8,51	0,901.110	01.148	01.185	01.223	01.261	01.298	01.336	01.374	01.411	01.449	.038
8,52	0,901.486	01.524	01.562	01.599	01.637	01.674	01.712	01.750	01.787	01.825	
8,53	0,901.862	01.900	01.938	01.975	02.013	02.050	02.088	02.125	02.163	02.200	
8,54	0,902.238	02.276	02.313	02.351	02.388	02.426	02.463	02.501	02.538	02.576	
8,55	0,902.613	02.651	02.688	02.726	02.763	02.800	02.838	02.875	02.913	02.950	
8,56	0,902.988	03.025	03.063	03.100	03.137	03.175	03.212	03.250	03.287	03.325	
8,57	0,903.362	03.399	03.437	03.474	03.511	03.549	03.586	03.624	03.661	03.698	
8,58	0,903.736	03.773	03.810	03.848	03.885	03.922	03.960	03.997	04.034	04.072	
8,59	0,904.109	04.146	04.184	04.221	04.258	04.295	04.333	04.370	04.407	04.445	
8,60	0,904.482	04.519	04.556	04.594	04.631	04.668	04.705	04.743	04.780	04.817	
8,61	0,904.854	04.891	04.929	04.966	05.003	05.040	05.078	05.115	05.152	05.189	
8,62	0,905.226	05.263	05.301	05.338	05.375	05.412	05.449	05.486	05.524	05.561	
8,63	0,905.598	05.635	05.672	05.709	05.746	05.783	05.821	05.858	05.895	05.932	
8,64	0,905.969	06.006	06.043	06.080	06.117	06.154	06.191	06.229	06.266	06.303	
8,65	0,906.340	06.377	06.414	06.451	06.488	06.525	06.562	06.599	06.636	06.673	.037
8,66	0,906.710	06.747	06.784	06.821	06.858	06.895	06.932	06.969	07.006	07.043	
8,67	0,907.080	07.117	07.154	07.191	07.228	07.264	07.301	07.338	07.375	07.412	
8,68	0,907.449	07.486	07.523	07.560	07.597	07.634	07.671	07.707	07.744	07.781	
8,69	0,907.818	07.855	07.892	07.929	07.966	08.002	08.039	08.076	08.113	08.150	
8,70	0,908.187	08.223	08.260	08.297	08.334	08.371	08.408	08.444	08.481	08.518	
8,71	0,908.555	08.591	08.628	08.665	08.702	08.739	08.775	08.812	08.849	08.886	
8,72	0,908.922	08.959	08.996	09.033	09.069	09.106	09.143	09.179	09.216	09.253	
8,73	0,909.290	09.326	09.363	09.400	09.436	09.473	09.510	09.546	09.583	09.620	
8,74	0,909.656	09.693	09.730	09.766	09.803	09.840	09.876	09.913	09.950	09.986	
8,75	0,910.023	10.059	10.096	10.133	10.169	10.206	10.242	10.279	10.316	10.352	
8,76	0,910.389	10.425	10.462	10.498	10.535	10.572	10.608	10.645	10.681	10.718	
8,77	0,910.754	10.791	10.827	10.864	10.900	10.937	10.973	11.010	11.046	11.083	
8,78	0,911.119	11.156	11.192	11.229	11.265	11.302	11.338	11.375	11.411	11.448	
8,79	0,911.484	11.521	11.557	11.594	11.630	11.666	11.703	11.739	11.776	11.812	
8,80	0,911.848	11.885	11.921	11.958	11.994	12.030	12.067	12.103	12.140	12.176	
8,81	0,912.212	12.249	12.285	12.321	21.358	12.394	12.430	12.467	12.503	12.539	
8,82	0,912.576	12.612	12.648	12.685	12.721	12.757	12.794	12.830	12.866	12.903	
8,83	0,912.939	12.975	13.011	13.048	13.084	13.120	13.156	13.193	13.229	13.265	
8,84	0,913.301	13.338	13.374	13.410	13.446	13.483	13.519	13.555	13.591	13.627	
8,85	0,913.664	13.700	13.736	13.772	13.808	13.845	13.881	13.917	13.953	13.989	
8,86	0,914.025	14.062	14.098	14.134	14.170	14.206	14.242	14.278	14.315	14.351	
8,87	0,914.387	14.423	14.459	14.495	14.531	14.567	14.603	14.639	14.676	14.712	
8,88	0,914.748	14.784	14.820	14.856	14.892	14.928	14.964	15.000	15.036	15.072	
8,89	0,915.108	15.144	15.180	15.216	15.252	15.288	15.324	15.360	15.396	15.432	.036
8,90	0,915.468	15.504	15.540	15.576	15.612	15.648	15.684	15.720	15.756	15.792	
8,01	0,915.828	15.864	15.900	15.936	15.972	16.008	16.044	16.080	16.116	16.152	
8,92	0,916.187	16.223	16.259	16.295	16.331	16.367	16.403	16.430	16.475	16.510	
8,93	0,916.546	16.582	16.618	16.654	16.690	16.726	16.762	16.797	16.833	16.869	
8,94	0,916.905	16.941	16.977	17.012	17.048	17.084	17.120	17.156	17.191	17.227	
8,95	0,917.263	17.299	17.335	17.370	17.406	17.442	17.478	17.513	17.549	17.585	
8,96	0,917.621	17.656	17.692	17.728	17.764	17.799	17.835	17.871	17.906	17.942	
8,97	0,917.978	18.014	18.049	18.085	18.121	18.156	18.192	18.228	18.263	18.299	
8,98	0,918.335	18.370	18.406	18.442	18.477	18.513	18.549	18.584	18.620	18.656	
8,99	0,918.691	18.727	18.763	18.798	18.834	18.869	18.905	18.941	18.976	19.012	
9,00	0,919.047										

Die Funktion $\frac{1}{\pi} \cdot \ln\,(\xi + \sqrt{\xi^2 - 1}) = 0{,}732.936 \cdot \log \ldots$

ξ	0	1	2	3	4	5	6	7	8	9	Diff.
9,00	0,919.047	19.083	19.119	19.154	19.190	19.225	19.261	19.296	19.332	19.368	
9,01	0,919.403	19.439	19.474	19.510	19.545	19.581	19.616	19.652	19.687	19.723	.036
9,02	0,919.758	19.794	19.829	19.865	19.900	19.936	19.971	20.007	20.042	20.078	
9,03	0,920.113	20.149	20.184	20.220	20.255	20.291	20.326	20.361	20.397	20.432	
9,04	0,920.468	20.503	20.539	20.574	20.609	20.645	20.680	20.716	20.751	20.786	
9,05	0,920.822	20.857	20.893	20.928	20.963	20.999	21.034	21.069	21.105	21.140	
9,06	0,921.175	21.211	21.246	21.282	21.317	21.352	21.388	21.423	21.458	21.493	
9,07	0,921.529	21.564	21.599	21.635	21.670	21.705	21.741	21.776	21.811	21.846	
9,08	0,921.882	21.917	21.952	21.987	22.023	22.058	22.093	22.128	22.164	22.199	
9,09	0,922.234	22.269	22.305	22.340	22.375	22.410	22.446	22.481	22.516	22.551	
9,10	0,922.586	22.622	22.657	22.692	22.727	22.762	22.797	22.833	22.868	22.903	
9,11	0,922.938	22.973	23.008	23.043	23.079	23.114	23.149	23.184	23.219	23.254	
9,12	0,923.289	23.324	23.360	23.395	23.430	23.465	23.500	23.535	23.570	23.605	
9,13	0,923.640	23.675	23.710	23.746	23.781	23.816	23.851	23.886	23.921	23.956	
9,14	0,923.991	24.026	24.061	24.096	24.131	24.166	24.201	24.236	24.271	24.306	
9,15	0,924.341	24.376	24.411	24.446	24.481	24.516	24.551	24.586	24.621	24.656	.035
9,16	0,924.691	24.726	24.761	24.796	24.831	24.866	24.901	24.935	24.970	25.005	
9,17	0,925.040	25.075	25.110	25.145	25.180	25.215	25.250	25.285	25.320	25.354	
9,18	0,925.389	25.424	25.459	25.494	25.529	25.564	25.598	25.633	25.668	25.703	
9,19	0,925.738	25.773	25.808	25.842	25.877	25.912	25.947	25.982	26.016	26.051	
9,20	0,926.086	26.121	26.156	26.191	26.225	26.260	26.295	26.330	26.364	26.399	
9,21	0,926.434	26.469	26.503	26.538	26.573	26.608	26.642	26.677	26.712	26.747	
9,22	0,926.781	26.816	26.851	26.886	26.920	26.955	26.990	27.024	27.059	27.094	
9,23	0,927.129	27.163	27.198	27.233	27.267	27.302	27.337	27.371	27.406	27.441	
9,24	0,927.475	27.510	27.545	27.579	27.614	27.649	27.683	27.718	27.752	27.787	
9,25	0,927.822	27.856	27.891	27.925	27.960	27.995	28.029	28.064	28.098	28.133	
9,26	0,928.168	28.202	28.237	28.271	28.306	28.340	28.375	28.410	28.444	28.479	
9,27	0,928.513	28.548	28.582	28.617	28.651	28.686	28.720	28.755	28.789	28.824	
9,28	0,928.858	28.893	28.927	28.962	28.996	29.031	29.065	29.100	29.134	29.169	
9,29	0,929.203	29.238	29.272	29.307	29.341	29.376	29.410	29.444	29.479	29.513	
9,30	0,929.548	29.582	29.617	29.651	29.685	29.720	29.754	29.789	29.823	29.857	
9,31	0,929.892	29.926	29.961	29.995	30.029	30.064	30.098	30.132	39.167	39.201	
9,32	0,930.235	30.270	30.304	30.339	30.373	30.407	30.442	30.476	30.510	30.544	
9,33	0,930.579	30.613	30.647	30.682	30.716	30.750	30.785	30.819	30.853	30.887	
9,34	0,930.922	30.956	30.990	31.025	31.059	31.093	31.127	31.162	31.196	31.230	
9,35	0,931.264	31.299	31.333	31.367	31.401	31.435	31.470	31.504	31.538	31.572	
9,36	0,931.607	31.641	31.675	31.709	31.743	31.777	31.812	31.846	31.880	31.914	
9,37	0,931.948	31.983	32.017	32.051	32.085	32.119	32.153	32.187	32.222	32.256	
9,38	0,932.290	32.324	32.358	32.392	32.426	32.460	32.495	32.529	32.563	32.597	
9,39	0,932.631	32.665	32.699	32.733	32.767	32.801	32.835	32.869	32.904	32.938	
9,40	0,932.972	33.006	33.040	33.074	33.108	33.142	33.176	33.210	33.244	33.278	
9,41	0,933.312	33.346	33.380	33.414	33.448	33.482	33.516	33.550	33.584	33.618	
9,42	0,933.652	33.686	33.720	33.754	33.788	33.822	33.856	33.890	33.924	33.958	.034
9,43	0,933.992	34.026	34.060	34.094	34.127	34.161	34.195	34.229	34.263	34.297	
9,44	0,934.331	34.365	34.399	34.433	34.467	34.501	34.534	34.568	34.602	34.636	
9,45	0,934.670	34.704	34.738	34.771	34.805	34.839	34.873	34.907	34.941	34.975	
9,46	0,935.008	35.042	35.076	35.110	35.144	35.178	35.211	35.245	35.279	35.313	
9,47	0,935.347	35.380	35.414	35.448	35.482	35.516	35.549	35.583	35.617	35.651	
9,48	0,935.684	35.718	35.752	35.786	35.820	35.853	35.887	35.921	35.955	35.988	
9,49	0,936.022	36.056	36.089	36.123	36.157	36.191	36.224	36.258	36.292	36.325	
9,50	0,936.359										

Die Funktion $\frac{1}{\pi} \cdot \ln\,(\xi + \sqrt{\xi^2 - 1}) = 0{,}732.936 \cdot \log \ldots$

ξ	0	1	2	3	4	5	6	7	8	9	Diff.
9,50	0,936.359	36.393	36.427	36.460	36.494	36.528	36.561	36.595	36.629	36.662	
9,51	0,936.696	36.730	36.763	36.797	36.830	36.864	36.898	36.931	36.965	36.999	.034
9,52	0,937.032	37.066	37.100	37.133	37.167	37.200	37.234	37.268	37.301	37.335	
9,53	0,937.368	37.402	37.435	37.469	37.503	37.536	37.570	37.603	37.637	37.670	
9,54	0,937.704	37.738	37.771	37.805	37.838	37.872	37.905	37.939	37.972	38.006	
9,55	0,938.039	38.073	38.106	38.140	38.173	38.207	38.240	38.274	38.307	38.341	
9,56	0,938.374	38.408	38.441	38.475	38.508	38.542	38.575	38.609	38.642	38.675	
9,57	0,938.709	38.742	38.776	38.809	38.843	38.876	38.910	38.943	38.976	39.010	
9,58	0,939.043	39.077	39.110	39.143	39.177	39.210	39.244	39.277	39.310	39.344	
9,59	0,939.377	39.410	39.444	39.477	39.511	39.544	39.577	39.611	39.644	39.677	
9,60	0,939.711	39.744	39.777	39.811	39.844	39.877	39.911	39.944	39.977	40.011	
9,61	0,940.044	40.077	40.110	40.144	40.177	40.210	40.244	40.277	40.310	40.343	
9,62	0,940.377	40.410	40.443	40.476	40.510	40.543	40.576	40.609	40.643	40.676	
9,63	0,940.709	40.742	40.776	40.809	40.842	40.875	40.909	40.942	40.975	41.008	
9,64	0,941.041	41.075	41.108	41.141	41.174	41.207	41.241	41.274	41.307	41.340	
9,65	0,941.373	41.406	41.440	41.473	41.506	41.539	41.572	41.605	41.638	41.672	
9,66	0,941.705	41.738	41.771	41.804	41.837	41.870	41.903	41.937	41.970	42.003	
9,67	0,942.036	42.069	42.102	42.135	42.168	42.201	42.234	42.267	42.300	42.334	
9,68	0,942.367	42.400	42.433	42.466	42.499	42.532	42.565	42.598	42.631	42.664	
9,69	0,942.697	42.730	42.763	42.796	42.829	42.862	42.895	42.928	42.961	42.994	.033
9,70	0,943.027	43.060	43.093	43.126	43.159	43.192	43.225	43.258	43.291	43.324	
9,71	0,943.357	43.390	43.423	43.456	43.489	43.522	43.555	43.587	43.620	43.653	
9,72	0,943.686	43.719	43.752	43.785	43.818	43.851	43.884	43.917	43.950	43.982	
9,73	0,944.015	44.048	44.081	44.114	44.147	44.180	44.213	44.245	44.278	44.311	
9,74	0,944.344	44.377	44.410	44.443	44.475	44.508	44.541	44.574	44.607	44.640	
9,75	0,944.672	44.705	44.738	44.771	44.804	44.836	44.869	44.902	44.935	44.968	
9,76	0,945.000	45.033	45.066	45.099	45.132	45.164	45.197	45.230	45.263	45.295	
9,77	0,945.328	45.361	45.394	45.426	45.459	45.492	45.525	45.557	45.590	45.623	
9,78	0,945.655	45.688	45.721	45.754	45.786	45.819	45.852	45.884	45.917	45.950	
9,79	0,945.982	46.015	46.048	46.081	46.113	46.146	46.179	46.211	46.244	46.277	
9,80	0,946.309	46.342	46.374	46.407	46.440	46.472	46.505	46.538	46.570	46.603	
9,81	0,946.636	46.668	46.701	46.733	46.766	46.799	46.831	46.864	46.896	46.929	
9,82	0,946.962	46.994	47.027	47.059	47.092	47.124	47.157	47.190	47.222	47.255	
9,83	0,947.287	47.320	47.352	47.385	47.417	47.450	47.482	47.515	47.547	47.580	
9,84	0,947.613	47.645	47.678	47.710	47.743	47.775	47.808	47.840	47.873	47.905	
9,85	0,947.938	47.970	48.002	48.035	48.067	48.100	48.132	48.165	48.197	48.230	
9,86	0,948.262	48.295	48.327	48.360	48.392	48.424	48.457	48.489	48.522	48.554	
9,87	0,948.587	48.619	48.651	48.684	48.716	48.749	48.781	48.813	48.846	48.878	
9,88	0,948.911	48.943	48.975	49.008	49.040	49.072	49.105	49.137	49.169	49.202	
9,89	0,949.234	49.267	49.299	49.331	49.364	49.396	49.428	49.461	49.493	49.525	
9,90	0,949.558	49.590	49.622	49.654	49.687	49.719	49.751	49.784	49.816	49.848	
9,91	0,949.881	49.913	49.945	49.977	50.010	50.042	50.074	50.106	50.139	50.171	
9,92	0,950.203	50.235	50.268	50.300	50.332	50.364	50.397	50.429	50.461	50.493	
9,93	0,950.526	50.558	50.590	50.622	50.654	50.687	50.719	50.751	50.783	50.815	
9,94	0,950.848	50.880	50.912	50.944	50.976	51.009	51.041	51.073	51.105	51.137	
9,95	0,951.169	51.201	51.234	51.266	51.298	51.330	51.362	51.394	51.426	51.459	
9,96	0,951.491	51.523	51.555	51.587	51.619	51.651	51.683	51.715	51.748	51.780	
9,97	0,951.812	51.844	51.876	51.908	51.940	51.972	52.004	52.036	52.068	52.100	
9,98	0,952.132	52.165	52.197	52.229	52.261	52.293	52.325	52.357	52.389	52.421	.032
9,99	0,952.453	52.485	52.517	52.549	52.581	52.613	52.645	52.677	52.709	52.741	
10,00	0,952.773										

Die Funktion $\frac{1}{\pi} \cdot \ln (\xi + \sqrt{\xi^2 - 1}) = 0{,}732.936 \cdot \log \ldots$

ξ	0	1	2	3	4	5	6	7	8	9	Diff.
10,	0,952.773	55.956	59.107	62.228	65.318	68.378	71.409	74.411	77.385	80.331	3.183—2.919
11,	0,983.250	86.143	89.009	91.850	94.665	97.456	$\overline{00}$.222	$\overline{02}$.965	$\overline{05}$.684	$\overline{08}$.379	2.893—2.673
12,	1,011.052	13.703	16.332	18.939	21.525	24.090	26.634	29.159	31.663	34.148	2.651—2.465
13,	1,036.613	39.059	41.487	43.896	46.287	48.660	51.016	53.354	55.675	57.980	2.446—2.287
14,	1,060.267	62.539	64.794	67.033	69.257	71.465	73.658	75.836	77.999	80.147	2.272—2.134
15,	1,082.281	84.401	86.506	88.598	90.676	92.741	94.792	96.830	98.855	$\overline{00}$.868	2.120—1.999
16,	1,102.867	04.854	06.829	08.792	10.742	12.681	14.608	16.523	18.427	20.319	1.987—1.881
17,	1,122.200	24.070	25.930	27.778	29.616	31.443	33.260	35.066	36.862	38.648	1.870—1.776
18,	1,140.424	42.190	43.947	45.694	47.431	49.159	50.877	52.586	54.286	55.977	1.766—1.683
19,	1,157.660	59,333	60.997	62.653	64.300	65.939	67.569	69.191	70.805	72.411	1 673—1.597
20,	1,174.008	75.598	77.180	78.753	80.319	81.878	83.429	84.972	86.508	88.036	1 590—1.521
21,	1,189.557	91.071	92.578	94.077	95.570	97.056	98.534	$\overline{00}$.006	$\overline{01}$.471	$\overline{02}$.929	1.514—1.452
22,	1,204.381	05.826	07.265	08.697	10.122	11.542	12.955	14.361	15.762	17.156	1.445—1.389
23,	1,218.545	19.927	21.303	22.673	24.038	25.396	26.749	28.096	29.438	30.774	1.382—1.330
24,	1,232.104	33.429	34.748	36.062	37.370	38.673	39.971	41.263	42.550	43.832	1.325—1.277
25,	1,245.109	46.381	47.647	48.909	50.165	51.417	52.664	53.906	55.143	56.375	1.272—1.228
26,	1,257.603	58.826	60.044	61.257	62.466	63.670	64.870	66.065	67.256	68.443	1.223—1.181
27,	1,269.624	70.802	71.975	73.144	74.309	75.469	76.625	77.777	78.925	80.069	1.178—1.139
28,	1,281.208	82.344	83.475	84.603	85.726	86.846	87.961	89.073	90.181	91.285	1.136—1.100
29,	1,292.385	93.482	94.574	95.663	96.748	97.830	98.908	99.982	$\overline{01}$.052	$\overline{02}$.119	1.097—1.064
30,	1,303.183	04.242	05.299	06.352	07.401	08.447	09.489	10.528	11.564	12.597	1.059—1.029
31,	1,313.626	14.651	15.674	16.693	17.709	18.721	19.731	20.737	21.740	22.740	1.025— .997
32,	1,323.737	24.730	25.721	26.708	27.693	28.674	29.652	30.628	31.600	32.570	.993— .966
33,	1,333.536	34.500	35.460	36.418	37.373	38.325	39.274	40.221	41.164	42.105	.964— .938
34,	1,343.043	43.978	44.911	45.840	46.767	47.692	48.614	49.533	50.449	51.363	.935— .911
35,	1,352.274	53.182	54.088	54.992	55.892	56.791	57.686	58.580	59.470	60.359	.908— .885
36,	1,361.244	62.128	63.009	63.887	64.763	65.637	66.508	67.377	68.243	69.107	.884— .862
37,	1,369.969	70.829	71.686	72.540	73.393	74.243	75.091	75.937	76.781	77.622	.860— .839
38,	1,378.461	79.298	80.132	80.965	81.795	82.623	83.449	84.273	85.095	85.914	.837— .818
39,	1,386.732	87.547	88.361	89.172	89.981	90.788	91.593	92.396	93.197	93.996	.815— .797
40,	1,394.793	95.588	96.381	97.173	97.962	98.749	99.534	$\overline{00}$.317	$\overline{01}$ .099	$\overline{01}$.878	.795— .778
41,	1,402.656	03.431	04.205	04.977	05.747	06.515	07.282	08.046	08.809	09.569	.775— .759
42,	1,410.328	11.086	11.841	12.595	13.347	14.097	14.845	15.591	16.336	17.079	.758— .741
43,	1,417.820	18.560	19.298	20.034	20.768	21.501	22.233	22.962	23.690	24.416	.740— .724
44,	1,425.140	25.863	26.584	27.304	28.022	28.738	29.453	30.166	30.877	31.587	.723— .708
45,	1,432.295	33.002	33.707	34.411	35.113	35.813	36.512	37.210	37.906	38.600	.707— .693
46,	1,439.293	39.985	40.674	41.363	42.050	42.735	43.419	44.102	44.783	45.462	.692— .678
47,	1,446.140	46.817	47.492	48.166	48.839	49.510	50.179	50.847	51.514	52.179	.677— .664
48,	1,452.843	53.506	54.167	54.827	55.486	56.143	56.799	57.453	58.106	58.758	.663— .650
49,	1,459.408	60.057	60.705	61.351	61.996	62.640	63.283	63.924	64.564	65.203	.649— .637
50,	1,465.840										

W. L. GRANOWSKI

DER ELEKTRISCHE STROM IM GAS

Band I

Allgemeine Probleme der Elektrodynamik der Gase

Übersetzung aus dem Russischen

Wissenschaftliche Redaktion: B. WINDE

1955. XVI, 500 Seiten — 279 Abbildungen — 8 Tabellen — gr. 8°

Ganzleinen DM 44,—

„Die große zukünftige Bedeutung der Physik des elektrischen Stroms im Plasma wird vielleicht durch nichts besser erläutert als durch einen Hinweis auf die Apparaturen, mit denen man gegenwärtig bemüht ist, das Problem der kontrollierten Kernfusion zu lösen. Aus verständlichen Gründen hat sich jedoch die Physik des Plasmas unter dem stimulierenden Einfluß technischer Anforderungen in experimenteller Hinsicht so schnell entwickelt, daß die Theorie ins Hintertreffen geraten ist und die ihr zukommende Funktion als Leitstern der experimentellen Forschung und Grundlage technischer Berechnungen nur höchst unvollkommen ausüben kann. Darüber hinaus sind die vorhandenen theoretischen Ansätze in verschiedenen Zeitschriften verstreut und auch gedanklich nicht immer leicht zugänglich. Hier schafft nun das vorliegende Werk von Granowski weitgehend Abhilfe. Es ist sicher nicht zuviel gesagt, wenn man voraussagt, daß dieses Werk für eine ganze Periode als Standardwerk dienen wird, auf das der Forscher immer wieder zurückgreifen wird.

Das zweibändige Werk ist so angelegt, daß im ersten Band die allgemeinen Probleme der Elektrodynamik der Gase behandelt werden, während die verschiedenen konkreten Formen des Stroms im Gas dem zweiten Band vorbehalten bleiben . . .

Obgleich in erster Linie der Klärung und Entwicklung der Theorie gewidmet, bringt das Werk zugleich eine Übersicht über die wichtigsten einschlägigen Experimente und ihre Ergebnisse. Für den Elektrotechniker, der tiefer in die Physik des Plasmas eindringen will, wird das Werk ebenso nützlich sein, wie es für den Forscher auf diesem Gebiet unentbehrlich ist.“

(Deutsche Elektrotechnik, Berlin)

Bestellungen durch eine Buchhandlung erbeten

A K A D E M I E - V E R L A G · B E R L I N

A. F. JOFFÉ

PHYSIK DER HALBLEITER

Übersetzung aus dem Russischen
In deutscher Sprache herausgegeben von JOACHIM AUTH

1958. X, 400 Seiten — 155 Abbildungen — 18 Tabellen — gr. 8°
Ganzleinen DM 35,—

Das Werk ist eine Einführung in das erst seit drei Jahrzehnten entwickelte Gebiet der Halbleiterphysik. Die große Bedeutung, die die Halbleiter für die ständig fortschreitende Technik besitzen, erfordern die Kenntnis des Stoffgebietes dieser wichtigen Fachrichtung der Physik.
Der Verfasser beschränkt sich dabei nicht auf die rein elektronischen Vorgänge im Halbleiter, sondern behandelt auch die Physik des Kristallgitters. Ausführlicher als üblich geht er bei den festen Elektrolyten auf Ionenleitung und -diffusion ein. Er erörtert die Theorie der Metalle und gibt einen Überblick über die typischen Halbleitereigenschaften. Ferner stellt er die Grundlagen der Quantentheorie des Halbleiters dar und die physikalischen Vorgänge in den Halbleitern. Hierbei behandelt er nicht nur den Themenkreis elektrische Leitfähigkeit, Beweglichkeit usw., sondern diskutiert auch die thermischen Eigenschaften und ihren Einfluß, den sie auf die für theroretische Aussagen und praktische Anwendungen sehr wichtigen thermoelektrischen Effekte ausüben. Ebenso werden die magnetischen Effekte, insbesondere die Zyklotronresonanzen und die in der Halbleiterphysik üblichen Meßmethoden beschrieben. Abschließend wird eine Übersicht über die verschiedenen Halbleitermaterialien gegeben.

Bestellungen durch eine Buchhandlung erbeten

THEORIA CUM PRAXI

A K A D E M I E - V E R L A G · B E R L I N

A. P. IWANOW

Elektrische Lichtquellen — Gasentladungslampen

Übersetzung aus dem Russischen

Wissenschaftliche Redaktion: B. WINDE

1955. XII, 583 Seiten — 361 Abbildungen — 118 Tabellen — 1 Tafel — gr. 8°

Ganzleinen DM 55,—

„... Das vorliegende Buch ist in seiner Konzeption einmalig. Es ist stark auf die Praxis der Entwicklungslaboratorien der Lampenindustrie und besonders auf die Heranbildung des wissenschaftlich-technischen Nachwuchses dieser Industrie abgestimmt. Es gibt einen systematischen Überblick über das weite Gebiet der Gasentladungslichtquellen, und zwar in enger Verbindung des praktischen Materials mit den Grundlagen der modernen Theorie ...

Im Ganzen gesehen stellt das Buch für den wissenschaftlich-technischen Nachwuchs der Industrie- und Forschungslaboratorien ein gutes Lehrbuch und für den Praktiker ein wertvolles Nachschlagewerk dar." (Elektrie, Berlin)

„... Durch die eingehende und grundlegende Darstellung, die durch Bilder und Tabellen ergänzt wird, sowie durch die Beschreibung der historischen Entwicklung, ist das vorliegende Buch ausgezeichnet geeignet, über die Gasentladungslampen ein gutes Grundlagenwissen zu vermitteln." (Die Technik, Berlin)

Bestellungen durch eine Buchhandlung erbeten

AKADEMIE-VERLAG BERLIN

FORTSCHRITTE DER PHYSIK

Herausgegeben im Auftrage der Physikalischen Gesellschaft in der Deutschen Demokratischen Republik

von RUDOLF RITSCHL und ROBERT ROMPE

Erscheinungsweise: Monatlich ein Heft mit etwa 64 Seiten Umfang — mit Abbildungen im Format 17×24 cm — Preis DM 6,— je Heft

Die in den FORTSCHRITTEN DER PHYSIK erscheinenden Artikel berichten über die neuesten Ergebnisse aus allen Gebieten der Physik. Die Zeitschrift informiert damit den spezialisierten Physiker auch über die Arbeiten der angrenzenden Fachrichtungen und ermöglicht ihm das Einarbeiten in ein neues Gebiet. Die Berichte sind entweder in englischer oder in deutscher Sprache abgefaßt.

Darüber hinaus werden laufend Übersetzungen aus schwer zugänglicher, insbesondere sowjetischer Literatur, gebracht; es ist dafür Sorge getragen, daß die wichtigsten und interessantesten Artikel in möglichst kurzer Zeit nach Erscheinen der Originalveröffentlichung übersetzt in deutscher Sprache vorliegen.

Bestellungen einzeln oder zur Fortsetzung durch eine Buchhandlung erbeten

THEORIA CUM PRAXI

AKADEMIE-VERLAG · BERLIN

FSC
www.fsc.org
MIX
Papier | Fördert
gute Waldnutzung
FSC® C083411

Zeitfracht Medien GmbH
Ferdinand-Jühlke-Straße 7
99095 Erfurt, Deutschland
produktsicherheit@kolibri360.de